U0919415

人物形象设计与化妆服饰风格研究

路遇　著

中国戏剧出版社

图书在版编目（C I P）数据

人物形象设计与化妆服饰风格研究 / 路遇著. -- 北京 : 中国戏剧出版社, 2019.10

ISBN 978-7-104-04882-4

Ⅰ. ①人... Ⅱ. ①路... Ⅲ. ①人物形象－设计－研究 Ⅳ. ①B834.3

中国版本图书馆 CIP 数据核字（2019）第 214878 号

人物形象设计与化妆服饰风格研究

责任编辑：齐　钰　赵成伟

责任印制：冯志强

出版发行：中国戏剧出版社

出 版 人：樊国宾

社　　址：北京市西城区天宁寺前街 2 号国家音乐产业基地 L 座

网　　址：www.theatrebook.cn

电　　话：010-63385980（总编室）

传　　真：010-63383910（发行部）

读者服务：010-63387810

邮购地址：北京市西城区天宁寺前街 2 号国家音乐产业基地 L 座（100055）

印　　刷：北京九州迅驰传媒文化有限公司

开　　本：787mm × 1092mm　1/16

印　　张：11.25

字　　数：250 千字

版　　次：2019 年 10 月北京第 1 版第 1 次印刷

书　　号：ISBN 978-7-104-04882-4

定　　价：48.00 元

版权专有，违者必究；如有质量问题，请与出版社联系调换。

前言

随着人类社会经济、文化的发展和国际政治、经济、文化交流的拓宽，人们的形象显得越来越重要。人们关注的不仅仅是一张脸，而是从发型、化妆、服饰到社交礼仪、气质风度的整体性修饰，讲究内在的气质、个体性格和外部形象的和谐统一。人们希望通过对外表的美化更充分地展示自己的个性，创造一个属于自己的、有特色的个人整体形象。人物形象设计在我国发展时间不长，其完整体系尚未建立，有关著作也是凤毛麟角。为创立完整的人物形象教学体系，本书作者做了不懈的努力，对人物形象设计尤其是对化妆服饰风格进行了研究。

本书首先对人物形象设计进行了概述，分析人物形象设计构成要素，重点研究服饰与化妆对人物形象设计的影响，总结出服饰与化妆在搭配方面的一些规律。希望本书的出版为服装或者形象专业的读者提供一些参考。

第一章是对人物形象设计理论方面的阐述，包括形象设计相关知识以及人物形象设计研究范围，给实践应用提供一个良好的理论基础；第二章阐述了人物形象设计的构成要素，服装设计、化妆设计、发型设计以及配饰设计；第三章是对人物形象设计色彩规律的介绍，人物形象是一个整体，色彩搭配适宜，对人物的整体形象至关重要；第四章和第五章是本书的重点，人物形象设计的重要因素包括服饰设计和化妆设计，第四章介绍了人物形象的化妆风格，包括化妆基本知识与方法，以及不同风格的化妆类型；第五章是对人物形象的服饰风格进行探索，包括服饰设计的搭配以及风格分类。

本书尚有不足之处，望广大读者指正。

目 录

第一章 人物形象设计概述

第一节 认识形象设计

一、形象设计的概念与内涵

（一）形象设计的概念

“形象”（Image）一词在英语中含有偶像、相像、映像之意，在《辞海》中被解释为形状、相貌及根据现实生活各种现象加以选择、综合所创造出来的具有一定思想内容和审美意义的具体、生动的图画。

“设计”（Design）一词源于拉丁语，含有徽章、记号、图案、造型形式、方法、陈设等意，在《辞海》中被解释为根据一定要求，对某项工作预先制订的图样和方案。

形象设计（image-design）又称形象塑造（Image-building），从属于现代艺术设计的范畴，它是集现代设计的共性和自身特点于一身的艺术造型形式。它的构成形式是运用各种设计手段，借助视觉冲击力和视觉优选，引起人们心理的审美判断，并着重于研究人的外观与造型的视觉传达设计。

“形象设计”一词作为近年来最为时尚的词汇，我们早已耳熟能详。但无论是在专业书籍还是在报纸杂志中都较少对其概念进行确切的界定，这或许是因为形象设计尚处于发展完善阶段的缘故。大部分研究还处于技术的开发层面，涉及理论层面的并不多。

综合以往的研究，这样的定义更为恰当：形象设计是以审美为核心，依据个人的职业、性格、年龄、体形、脸形、肤色、发质等综合因素来指导人们，使其性格、语言、外貌（化妆、服装服饰、体态及礼仪）等要素达到完美结合的创造性思维和艺术实践活动。它是一个再创造的过程。这个再创造并不是要完全脱离个体人物本身，塑造出一个与此人毫不相干的形象，而是要发掘个体的内在潜质，结合外部形象特征，并考虑到其特定职业或环境因素的影响，通过各种审美原则及造型技术，塑造出尽可能完美的形象。这个形象一定是符合社会标准的，并会产生一定的、预期的社会心理影响，并为个人的发展起到一定良好的作用。

“一个人的成功第一源自形象学,第二源自心理学”,这是国际成功大师安东尼·罗宾所说。人的成功离不开建立良好的人际关系，也就是人脉。而在人际交往中，人们往往“以貌取人”，先通过一个人的形象来判断他的年龄、爱好、层次、身份、地位等，并相应地决定对他的态度。美国行为学家加梅说：“当你走进一个房间，即使谁也不认识，别人也会从你的外表判断出你的学识、社会地位、受教育水平、家族地位、家庭教养、为人方式、性格特征、经济水平、婚姻状况、生活态度等内容。”因此，机会总会光顾清爽整洁、风度翩翩、潇洒倜傥的人。这也是为什么越来越多的人开始注重个人形象的原因之一。

我们说形象设计是一门科学，它是专门研究由表及里、由里及表美化形象的学问；形象设计是一门技术，它包括医学、美容学、发型、化妆、服饰和美体等方面的技能与技巧；形象设计是一门综合学科，包括风度礼仪、个性气质、审美层次、文化道德修养等内在修养的综合知识。它既是一门综合的学科、一种设计理念、一种图形构思，也是一种技能实践、.一种再创造，包含着整体形象包装的全部过程。它涉及的学科范围很广，因此是一门综合类的学科。

特殊意义的形象设计，如影视、舞台人物、角色造型的要求略有不同，它要求人物造型必须符合剧情或舞台角色定位的需要，而不单纯是为了追求表现演员的外在形象。

（二）形象设计的内涵与分类

形象设计作为与人们生活、工作息息相关的诸多时尚设计门类中的组成部分，其产生和发展的时代背景以及不可或缺的必然性是显而易见的，其内涵也是丰富多彩的。

1. 形象设计的内涵

从对形象设计概念的剖析，我们看到形象设计的内涵十分广泛，几乎包罗万象：大到社会的形象设计、城市形象设计、环境形象设计、公司或团体形象设计；小到个体形象设计、产品形象设计、活动形象设计等。仅就人的形象设计，还可区分职业形象、家庭形象、性格形象、年龄形象等，涉及个人修养、服饰、化妆造型、行为仪态等内容。

因此，形象设计可以说综合了心理学、社会学、伦理学、民族学、民俗学、文学、文化学、医学、解剖学、生理学、护理学、化工学、美学、服装学、公共关系、礼仪学及美容、化妆、发型等技术的综合学科，将各种诸多因素统一在总体设计之中，使整体达到实用性与审美性的完美结合，它既具有社会性，又富于个性展示，它是社会的产物，也是个人审美的产物，与每个人密切相关，渗透到我们生活之中，时刻会出现在我们的身边。

2. 个体形象设计的内涵

个体形象设计又称“个体包装”或“人物造型设计”，是指个体在社会或群体心目中所要达到的总体印象，这个总体印象是他通过服饰、谈吐、行为等所表现的。也就是说，社会或群体对某一个个体的外在形象及其内在素质综合认识之后形成的总体印象。

从对形象设计概念意义的分析可以发现，个体形象应该是一个“体”的概念，这个“体”还应该是“圆柱体”。“体”的中心点是支持个体成长的观念，“观念决定态度，态度决定一切”，这是许多成功者的总结，这个中心观念也是“体”的核心基础。组成核心“体”的还有一个人健康的心理、健康的身体和个人修养（知识储备、专业技能、各种能力等），可以说它们是决定“体”的外观形状的基础。心理不健康，“体”不会直立；身体不健康，“体”的外观形状有可能或胖或瘦，有可能像立柱，也有可能偏斜；个人修养不够，直接供给“体”的养分也不够，“体”的表面因缺少养分没有任何光彩。我们的着装、色彩、化妆、发型、行为动作、肌理、谈吐、声音表现、个性嗅觉的表现等都在“体”的面上呈现出来，它们会排列组合，让这个面看起来更加光滑、顺畅、耐看，它们在呈现时所给予人们的虽然只是面上的视觉冲击，但人们往往也会通过面看到“体”的内容。所以，这个“体”的内容是通过表面表现出来的，而“体”的表面通过一定的“装饰”技术既展示了面的美，同时也展现“体”的美。我们把服饰、色彩、化妆、发型、肌理、行为动作、谈吐、声音表现、个性嗅觉等称为魅力仪表，把心理健康、个人修养称为品味修养。

3. 形象设计的研究内容

从广义的形象设计概念来看，形象设计的研究包括：人物形象研究、环境形象的研究、团体形象的研究、产品形象的研究、活动形象的研究和大型活动形象的研究。

从狭义的形象设计概念来看，形象设计主要是人物形象设计。这是本书研究的主要内容。

形象人人都有，人人都在塑造。每一个人的形象各具特色，每个人的形象都力求完美。形象似乎是抽象的，但它又是具体的，具体到一个人着装、谈吐、行为等具体表现。而通过这些表象，可以知道这个人的性格、个人修养、审美等水平。因此，我们判断个人时往往会从他的着装、谈吐、行为等方面的细节积累，进而形成一个对他的整体判断。由此我们说，形象是一个人的着装、谈吐、行为的综合观感。

形象的核心应该是一个人的内在素养，包括他的人生观、价值观、世界观、性格特征、文化水平、能力水平、情商管理水平、审美观，等等。服装、语言、行为是他内在素养的物化结果。比如，服装从色彩搭配，到款式的协调搭配，都会体现一个人的审美水平，体现一个人的思想意识，体现一个人的性格特征等；谈吐中会透露出一个人的文化水平，并且谈话中的声音也能体现他的自信度和可信度；他的行为也会体现他的修养程度，他是否是一个具有品味的人；他的妆容透着他的审美、他的年龄，等等。而服装、谈吐、行为和妆容这四个方面都不是单独体，每一个方面都包含许多要素。所以，我们研究形象及形象设计不能只从外部特征去研究，而应该全面地、整体地研究一个人的形象。

由此，人物形象设计研究应包含个人修养要素、心理要素、语言要素、声音要素色彩要素、服装要素、化妆要素、发型要素、身材要素、仪态要素等。对于形象设计的上述各要素的研究，是建立在审美原则及形象设计要素的基础之上的。

4. 形象设计的分类

形象设计可以应用在各个方面，可以从以下几个角度来分类。

（1）从设计对象来看

①人物形象设计

这是最为复杂的一种分类，一个人在特定的时间里可能是管理者，在另外一个时间里他又是父亲、丈夫、也可能同时又是儿子，也可能是同学、朋友等。所以，对于人来说，我们可能会更多地以常出现的场合和地点来塑造形象。其中包括：

生活中特定时间、地点、目的的人物形象设计：职业形象、家居形象、休闲形象、学习形象等。

社会上特定职业、工作的人物形象设计：宇航员、网管员、演员、主持人、公务员、管理者、医生、教师、家庭主妇、白领、蓝领、军人、男性、女性等。

剧中人物造型塑造：根据剧中要求对人物进行设计。

特定群体人物设计：男性形象、女性形象、管理者形象、妻子形象、丈夫形象、青少年形象、大学生形象、母亲形象等。

②品牌形象设计

在现代社会中，产品的包装形象是品牌形象很关键的组成部分。品牌通常为多种系列产品，因此，对于品牌效应在市场上的反响效果、知名程度，形象设计水平的高低是很关键的一个因素。品牌形象设计的内容包括：

单一形象设计：单一品牌形象设计，如可口可乐等。

系列品牌形象设计：一个品牌多品种的形象设计，如海尔电器等。

延伸品牌形象设计：在一个品牌之下，延伸出多品种、多品牌之间互有联系的形象设计，如万达集团从地产到酒店、到文化产业等。

此类设计是社会工业生产、商品流通中必不可缺的经营手段。它注重市场效应，以容易被大众接受为首要条件。

③行政机关、企业形象设计

这是一个集团式的形象设计，其设计内容包括

标志设计：名称、徽、牌、匾。

色彩设计：以特种色彩加重形象特征。

人物造型设计：工作人员的整体形象。

装饰设计：室内、室外装饰及办公用品。

产品设计：对外发出的文件，交换物品，产品、品牌。

此类设计是现代社会发展的产物，是现代文明的重要组成部分，在我国具有广阔的发展前景。

④大型活动形象设计

许多活动是为了提高个人知名度、企业知名度或品牌知名度的，因此，大型活动的策划更为重要。

（2）从设计的目的来看

持久的一贯形象：个人形象、企业形象、产品形象一旦确立，都以一个较恒定的形象出现，这样才容易让别人识别。

容易被识别的形象：在第一次形象认知活动过程中，被认知者如果有突出的表现或有突出特征，会让认知者在短时间内就会认知。

轰动效应的形象：一些大型活动的策划在于宣传个人、企业形象等。因此，在这些大型活动策划中，一定要使活动产生轰动效应，这样才能收到良好的效益。

（3）从设计形式来看

无论人物、建筑，还是产品形式都可以应用不同的风格，因此，从形式上形象设计可以分为几方面：古朴严谨型、华丽浪漫型、恢宏大气型、个性前卫型。

可根据实际设计物品的特点及设计师对设计物品的理解进行不同形式的设计。

无论如何分类，形象设计就是要帮助那些有远大的理想、有热爱生活的良好心态的人精细造型，使他们成为一个人人都喜爱的人。

二、形象设计与文化

马克思说："人的本质是一切社会关系的总和。"也就是说人是离不开社会关系的，社会关系的建立就要靠人与人之间的交往，而和谐社会关系的建立是人们期望的。因此，为建立彼此间的和谐关系，就要保持一个良好的形象，互相取悦于对方。可以说，形象设计作为诸多时尚设计门类中与人们生活、工作息息相关的组成部分，其产生和发展有它的必然性和时代背景性。今天的形象设计技术与几千年来化妆设计和服装设计的发展是分不开的。也可以这样理解，有了人类就有了形象设计，形象设计的发展历史是伴随着人类的发展而发展的。

形象设计的发展路程更多地带有文化的特征。在鲁迅的《阿Q正传》中描写的钱太爷的大儿子，从东洋留学回来，腿也直了，辫子也没了，西装革履，走起路来趾高气扬，自认为文明了。其实父老乡亲不吃那一套，在他背后骂他为"假洋鬼子"，洋鬼子被当时中国人认为那不是"人"，更何况是假洋鬼子呢。他的老婆为此抬不起头来，连阿Q都把她从自己的女人梦中剔出去了。显然，"假洋鬼子"这个形象不被当时的中国文化所认同，连阿Q这样的人都会嗤之以鼻，更何况有一定社会地位的人呢。

从1840年的鸦片战争后，西方文化不断传入我国，服装、化妆逐渐融入了西方技术，特别是五四运动之后，以学生为代表的服装和发型开始快速盛行。我国春秋战国时代的孔子在《论语》中就对于某一类人的形象有了论述，经过几千年来的文化发展，人们对某一类人的形象早就约定俗成了，如要求女人"贤妻良母""相夫教子"等。

20世纪20年代，中国名校南开大学的校训可以说对学生整体形象的要求是相当规范的。"面必净，发必理，衣必整，纽必结；头容正，肩容宽，背容直；气象勿傲，勿暴，勿怠；颜色宜和，宜静，宜庄。"从学生的仪容仪表层面，也从学生个性气质及心理修养层面都做了较为细致的要求。可见，我国近代对形象也是非常关注的，南开的校训堪称是我国形象设计的典范。

形象设计是社会文明的标志，是社会进步的具体体现。我们古代对于形象设计的论述尽管很早，但是我们的工业时代相对滞后，所以化妆造型技术进展较慢。改革开放后，我国的造型技术才有了一个飞跃性的进步。

20世纪80年代后期，随着改革开放的发展，我国的政治、经济、文化有了迅速的发展。随着竞争的加剧，人们越来越意识到形象的影响力量，越来越多的人开始学习当代礼仪和商务礼仪知识，学习形象设计，以满足不同的工作需要和竞争需要。

20 世纪 80 年代后期，美籍华人靳羽西用一支口红改变了中国女性美的观念；90 年代后期，于西蔓女士从日本学习回国后，大力宣传色彩形象艺术，把形象设计的研究推向了高潮，使越来越多的人学习形象，提高形象。也开始有更多的人接受“形象走在能力之前”的观念，接受形象设计。随着社会需求的提高，现在也有许多高校开设形象设计专业，为社会培训形象设计师。形象设计师也从隐含发展到显现。

三、形象设计的意义

形象设计并不是一时的心血来潮，它是有一定目的和意义的。对我们想表现出来的形状（形象）要进行一定的设计，让它尽可能地表现最佳，就会产生一定的意义和作用。

1. 形象设计的个体意义及作用

当今社会已进入信息时代，人才竞争越来越激烈，要想在激烈的竞争中赢得一席之地，必须掌握竞争手段，提高竞争能力，而形象设计则是竞争手段中不可忽视的重要部分。一个人良好的整体形象，会对周围的人和环境产生巨大的影响力，这种影响力会加速他行进的步伐，使他比别人更快地取得成功。

奥斯特是美国迪金森大学的教授，他曾向 300 多家公司寄去了同一假想的求职者的个人简历（区别在于所附照片有的是求职者修饰形象前拍的，有的是修饰形象后拍的），请公司确定其薪水。结果，对形象修饰后的求职者公司愿意付的薪水比形象修饰前的都要高 8%—30%。

这是一个以貌取人的时代，人的第一印象非常重要。有一位老板月底在付给一个员工工资时说：“你的外貌决定了你只能得到这些工资，但你的实际能力要远比这些多，等什么时候你的外貌与你的实际能力相符时，你会得到应得的报酬。”事实说明，恰当的形象设计在任何时候都是不可忽略的一个环节。

（1）个体形象设计的原因

个体为什么要进行形象设计？这也是我们首先疑惑的问题，我们可以从社会和心理两方面进行分析。

第一，在群体中个人的需要更容易得到满足。人自出生就有一个合群倾向，这种倾向自有人类以来就存在了。在群体中人们能通过相互合作狩猎得到食物，也会在相对稳定的群体中得到安全，因而满足了人的生理需要、安全需要；在群体中人与人交往相互尊重，在交往中得知自己是否有较之他人独特的能力；在群体中更会满足人的自尊、自我价值实现的需要。因此，一个人在群体中如何表现，是决定他是否能够获得自我需要的满足。所以，每一个人都会在群体中注重自己的形象，以博得他人的认可，获得比他人更多的机会。

第二，本能的目的。食色，性也，爱美是人类的天性，尤其是女性。注重个人形象是为了强调个性美或人体形象美，掩饰或弥补个体形象的缺憾或不足。良好的形象可以更加充分地展现个人的全部魅力，有益于事业、家庭、全社会文明程度的提高。

第三，传递信息的作用。在现代社会中，人们希望用最少的时间获取更多的信息。因而，当今对一个人的了解，多数情况是仅仅凭一面之缘。如果一个人在给别人的第一印象中不能表现自己良好的一面，即使后来花再多的时间也无法挽回自己的形象损失，特别是一次重要的洽谈、一次重要的应聘、一次重要的相亲，等等。形象无疑就是获取机会的重要条件，如果不注重个人形象，往往造成终身遗憾的结果。

第四，适应社会需求。市场竞争日趋激烈，人们自我价值实现（成功）的愿望越来越强烈，快速地突出自我，展示自我，以便在竞争中取胜。因而，人们在整体形象塑造中强调个性美的空间，在平常中寻找亮点，在普通中创造新奇，在平凡中突出自我。这是形象设计工作越来越被重视的主要原因。

（2）个人形象设计的作用

莎士比亚有一句名言："如果我们沉默不语，我们的衣裳与体态也会泄露我们过去的经历。"的确，在生活中，人们往往也是通过个人的形象来判断其年龄、身份、性格等，并予以相应的交往和沟通，也正验证了"以貌取人"的那句话。心理学、社会学家研究认为在人际交往中存在着"7/38/55"定律，即7%是语言；38%是语音语调；而另外的55%则是外貌和行为。因此，占55%的外貌及动作是否能够恰如其分地表现你内在良好的素养，把你要传递的信息传达出去，这在人际交往中起决定性的作用。

形象设计综合了心理学、社会学、色彩学、造型学、美学、服装学、公共关系学等知识，因此，它几乎涵盖了人物内外整体形象再创造的全部过程，其作用在于：

①充分展示个性

一个好的形象创意可以让一个人把自己最美的一面表现出来。他的个性特征、他的学识、他的为人、他的审美等都通过言谈举止、着装、化妆等方面表现出来。如果一个人有较丰富的内涵，但没有充分的展现，别人是不会认同的。有人说，时间长了他们会了解我的，但大部分时候可能只有一次机会。

形象设计的个体意义主要体现在，它是以审美为核心，综合个人的职业、性格、气质、年龄、体形、脸形、肤色、发质等因素，通过化妆造型、服饰搭配、形体姿态以及礼仪规范等，达到其美化个人的目的，呈现一个人在社会群体体系中特定的地位、身份等，也就是能恰如其分地以大众认同的形象表现他在社会环境中所充当的这个角色。

②掩饰或矫正形体上的缺陷

大部分人的身材或脸部都会或多或少地存在某些不足，我们可以通过化妆造型、发型设计、服装设计等技巧予以掩饰或矫正。有严重缺陷影响美观时，可以考虑整形手术予以矫正。如果在姿态上有一些不良习惯，也可以通过训练达到一定的规范。

③改造原形体以增加其美感

通过化妆修饰脸形，增加立体感，使得面部更加靓丽；选择适当的文胸可使胸部丰满挺拔；选择适当的发型可以改变或修饰脸型、体型；选择适合的服装或饰品，通过款式或色彩的变化，可以改变体形的高矮、胖瘦等。

④产生一定的吸引，奠定人脉基础

人与人能否真诚的交往，在于相互之间是否能够产生一定的信任和吸引，如果缺少这两个方面，想建立一个良好的人际关系网络就不太可能。而一定的人际关系网络又是一个人能否快速发展的关键。所以，每一个人为了自我价值的实现，都会千方百计地吸引对方并赢得对方的信任，这就是良好的形象在起决定性作用。

2. 形象设计的社会意义及作用

形象设计的作用不仅限于某一个人，而就一个组织来说，其作用和意义也是巨大的。对于一个企业来说，它标志着其兴衰成败；对于一个城市来说，它还会影响到其经济文化的发展速度。因此，形象设计的个体意义重大，其社会意义也不容忽视。当今小到企业，大到城市和国家，都已经或正在兴起一股形象包装的热潮。

（1）良好的企业形象提高了企业综合竞争能力

企业的成败很大程度上取决于社会对企业的认同，而这种社会认同与公司的整体形象包装是分不开的。企业也应该有自己的统一形象。以工商企业形象塑造为主体的企业形象设计（CI）便是企业形象包装的一种形式，它是一种涵盖企业内的人、事、物、时、地的整体形象设计系统，其构成要素包括理念识别（MI）、行为识别（B1）和视觉识别（VI）。CI 设计规范了企业统一的形象识别，并且企业以统一规范进行全员管理，提高管理水平和综合竞争能力。企业统一的形象也会以最快的速度让社会大众了解专属于某一企业所有的企业名称、企业标志、企业个性化产品等，帮助企业在市场竞争中保持恒久的生命力。通过企业整体形象的包装，该企业以一个统一协调的形象出现在世人面前，并获得了社会的公认。

（2）优美的城市环境极大地促进了城市经济和文化的发展

城市的整体形象包装包括城市风格的整体定位、城市色彩的设计、城市标志的设计及城市花卉的选择等。一个好的城市形象设计不但能对城市的地理、文化等方面准确定位，而且能向全世界展示和传达此城市的面貌和风土人情。因此，适宜的形象包装会有大量的投资项目涌进该城市，并且优美的环境也会提高城市的精神文明和人们的素质，这必然会极大地促进城市经济和文化的发展。如大连市以广场作为大连的城市风格，广场文化为大连的政治、经济的发展起到了引领作用。

（3）国家的形象增强了国家综合竞争力

我们把国家形象用于营销学概念中，从一个侧面看一看国家形象是如何影响经济的发展的（刘步尘《国家品牌形象概论》）。我们用生活中经常使用的“不完全统计”思维来看待国家形象的作用。你对某个人的印象比较好，就得出“他是一个诚实的人”的结论。树立国家品牌离不开个国家中一些主要产品的质量与信誉。国家品牌形象的这一属性告诉我们，只要把关键产品的国际形象建设好了，就可以有效带动这个国家整体品牌形象的提升。TCL 彩电在越南市场的良好表现，改变了越南民众对中国产品的整体印象，这就是典型例证。

国家领导人出访，政界、企界、商界、文化界、教育界等与国外的交流，提高了国外对本国的了解；国家的亲民政策、亲民举动也在提高民众对国家的信任；国家的经济政策促进了经济的发展，等等。国家的综合实力增强，就有了较强的竞争力，在霸权主义林立中也会立于不败之地。这些都与形象有关。

第二节　人物形象设计概念与基本要素

一、概念

表现与装饰是一体的两面，装饰是必要的。光有内涵还不够，外在包装同等重要。形象设计包罗万象，公司的形象设计、社会的形象设计、人物形象设计等都属于此范畴。人物形象设计又可称“人物造型设计”，是对人物整体形象的再创造。所谓“再创造”

并不是完全脱离模特本身，塑造出一个与其毫不相干的形象，而是在保持原有的人物性格本质的基础上，结合考虑其职业环境等外界因素，用服饰、化妆、发型等表现手法二度创作，设计出近乎完美的人物形象。

人物形象设计是围绕人的生活范围进行的，包括人在生活中每个细节的形象安排，如：出去旅行或去休闲场所时的穿戴该如何选择、容貌该如何设计、发型应如何梳理；平时上班该以何种形象出现或面对客户和顾客；参加正式的场合该如何装扮自己；不同风格的聚会该如何变换形象；找工作时该以何种形象面对考官；如何设计人生中最美好的形象，等等。在生活中，形象是社会公众对人物个体整体的印象和评价，也是人的内在素质和外形表现的综合反映。

早在20世纪50年代，“形象”一词出现在当时美国社会各阶层中，他们对于本身的信誉十分看重，尤其是工商企业界及政界人士纷纷有计划地塑造良好的个人形象。而“形象设计”这一概念则源自舞台美术，后来被时装表演界人士使用，用于时装表演前为模特设计发型、化妆、服饰的整体组合，随即发展成为特定消费者所作的相似性质的服务。由于形象设计不但有消费者构成的市场需求，而且化妆美容用品以及服饰厂商都可以借用它作为促销手段，因此，在国际上发展极快。在美国，形象设计已经是与商业紧密结合的产业，其设计形态已达到生活设计阶段，即以人为本，以创造新的生活方式和适应人的个性为目的，并对人的思想和行为做深入的研究。国内自20世纪80年代末以来，也出现不少从事形象设计工作的人员。他们一般是从美容、美发、化妆、服装（饰品）设计等职业中分流出来的。这些人员逐渐从业余到专业，从擅长一门（或化妆或美发或服装或饰品）到注重整体，取得了长足的进步和社会的认同。我国的形象设计业和国外相比虽然起步较晚，但是随着人们对美的认识和要求不断增强，市场需求越来越大，形象设计职业也越来越热。从职业性质角度分析，形象设计师与服装设计师、化妆师、美容师之间的关系为：四者既有联系又有区别。其共同点为，都是以“人”作为其服务对象，以改变“人的外在形象”为最终目的。主要区别在于：服装设计师主要工作是以面料做素材，给予人体以功能性和装饰性美感；美容师的主要工作是对人的面部及身体皮肤进行美化，主要工作方式是护理、保养；化妆师的主要工作是对影视、演员和普通顾客的头面部等身体局部进行化妆，主要工作方式为局部造型、色彩设计；形象设计师的主要工作是按照一定的目的，对人物、化妆、发型、服饰、礼仪、体态语言及环境等众多因素进行整体组合，主要工作方式为综合设计。从社会历史发展过程分析，形象设计师与服装设计师、化妆师、美容师之间的关系为：人类对自身形象的美化，最早出现的是“遮体”和“化妆”，人们通过在人体上装饰各种饰物来达到特殊的视觉美感或其他的目的。随后，“美发”“美容（主要是指护理保养）”“美甲”等逐渐加入进来，使得与美化人体形象相关的社会职业分工越来越细化。形象设计师则是这一组合中的最高层次，是整个人体形象美化工程的先导环节，也可以说是各相关职业的整合。

人物形象设计是围绕人体对外观、礼仪、体态、语言以及环境等众多因素进行综合设计的一门艺术，是通过将设计要素结合人的思想情感来表现其外观活动过程的实用艺术行为。人物形象设计本质是为人在出入一定场合创造的形象外表，其表现形式是围绕人体外观为设计前提，结合一定的约定程序、方式等来体现其整体的高雅、华丽、唯美等风格特征和个性气质，用造型中的内、外、上、下、前、后视觉在受众视点移动的过程中，随时间和空间的变化分别将美感展现给大家，设计除了对人物本身体形、容貌等外表形象修饰外，还注重对人个体的内在精神面貌的设计。精神是人的内涵表现，也直接影响其社交活动中的形象美。

形象的最高境界在于充分体现属于自己的个性和特色。随着社会的发展，人们的生活质量在不断提高，越来越多的人开始认识到人的形象美不仅仅是对一张脸的修饰，而是整体形象美的综合表现。人物形象设计作为一门新型的综合艺术学科，正走进我们的生活。无论是政界要人、大款、明星，还是平民百姓都期盼有一个好的形象展示在公众面前。人们渴望设计师赋予自己以最美好的形象，以新的面貌更加充满信心地迎接工作中的挑战。

二、人物形象设计的基本要素

人物形象设计是由形象美感因素与被设计者外在的条件美组合而成。设计内容包括：整体美、服装材料色质美、服饰配件美、化妆发型美以及外界环境美等内容。

（一）整体美

整体美又称意匠美，是一个社会实践形态。意思是指技术与艺术相结合的设计表现。人物形象设计的意匠美，是指设计出的形象作品富有表现力和生命力，是人性、自由的审美对象，是特殊才能与艺术结合的一种创造。这也是西方人所使用的“Design”一词的完整含义。因此，要想获得“整体美”，设计师必须具有一定创造性的思维能力，从而创造出独特的、具有整体美的人物形象。

（二）服装材料色质美

服装材料美是人物形象设计“具象美”的基础。每一种材料都有其本身的色彩与质地特性，有其他材料所不能替代的表现能力。材料的这些个性特征是形象美的重要因素，它为人物形象的艺术设计提供有利的条件，并增强人物形象美的多元性和无限性。

（三）服饰、配件、化妆、发型美

在人物形象设计中，服饰、配件、化妆、发型设计是形成形象美的设计因素，通过不同的装饰手段综合再现人体的整体形象和美感。人物形象设计是有气质、有感情的动态艺术造型，所以服饰、配件、化妆、发型设计也必须作为有生命的艺术形象来与其选配或单独设计。只有将它们的本原美与人物形象有机地结合起来，才能表达出完整的形象美。

（四）环境美

人物形象设计是社会整体物质文明和精神文明高度发展的物化结果，需要相应的氛围来烘托。设计必须与环境融为一体，相辅相成，形象才会有相得益彰的理想效果。如在晚间宴会厅若明若暗的灯光环境中，露肩贴身晚礼服显示出雍容华贵的审美效应；而正规的高级套装，只有在日间豪华的宾馆等场合，才能传达出典雅与优美。

第三节 人物形象设计研究范围

一、人物形象设计研究范围

为了对人物形象这门学科进行系统性的研究，必须明确其研究的范围。人物形象的研究范围可从两个角度来划分：其一，从自然科学的角度，把主体形象的包装物——服装、化妆、发型、饰品等属性作为主要研究对象；其二，从人文科学的角度，把人及人的着装礼仪、体态语言及环境等作为主要研究对象。

以物的属性为研究对象时，其研究内容可分以下两个方面：第一，把衣物、化妆、发型、饰品等作为物体来研究时，就要研究其素材、形态、色彩和构造等物质的内容；第二，把衣物、化妆、发型、饰品等作为人类的生活素材来研究时，就要研究其目的、用法、机能、效果等物质的价值。

二、人物形象设计研究方法

（一）系统性研究

任何学科都不是孤立的，都与其他学科有或多或少的关联性。人物形象设计学横跨自然科学、社会科学、人文科学几大领域，有诸多与其相关联的周边学科。研究人物形象设计学就要将该学科与相关学科进行组合研究，形成一定的研究体系。从服饰、化妆的起源开始，研究社会形态中人们的生理需求、装饰意识和装饰心理等问题。

（二）理论性研究

任何学科，都有其基础理论，有其要遵循的研究法则。人物形象设计学研究，首先要进行理论知识的研究，其研究内容包括两个方面：一是人物形象设计造型学科的专业理论研究，包括其专业基础理论研究等，如美术基础、三大构成、设计理论、造型基础等；二是以与其有关的相关学科为基础，研究诸学科的有关领域，如服装设计学、服装人体工学、服装材料学、服饰美学、服饰心理学、化妆学、服装饰品学、发型设计学知识等。

（三）实践性研究

人物形象设计学是一门实践性很强的学科，是建立在理论科学基础上的实践科学，因此在理论研究的基础上，必须进行科学的实践研究。对本学科的实践性研究可以采取理论指导先行、实践步步紧跟的方式，在理论学习的每一个阶段，都要进行有关实践。理论知识逐层深入，实践能力也循序渐进逐渐迈上更高的台阶。

第四节　人物形象设计造型与形态

一、概念

造型是借用一定的物质材料，按照审美要求塑造可视的平面或立体形象。物体是由其外轮廓和内结构结合而形成的，如服装中的帽子、喝水用的杯子、房间里的桌子等，其形状不同，特征也各异。人物形象造型，是运用写实或夸张的手法在人的自然相貌基础上弥补其形象缺陷、增添自然美感和创造一种真实形象风格的视觉艺术创作。是通过点、线、面、体四大造型要素，将人物形象形式从形态的上下、左右、前后等角度对服饰、化妆、发型等构成要素进行分割、组合积聚、排列，并结合社会环境等外界要素来完善其形象整体美感的全过程。就造型理论来说，点的移动轨迹形成线，线的移动轨迹形成面，面的回转与结构组合形成体。人物形象设计就是运用美的形式法则将这些要素组合而成的一种完美的造型。

二、点、线、面、体在人物形象造型中的表现形式

点、线、面、体四大造型要素在人物形象设计中以各种不同的形式进行排列组合，从而产生形态各异的人物形象外观。造型设计的点、线、面、体与数学概念中的线、面、体既有联系，又有截然不同的区别。首先，从各自相对的概念来理解，数学概念中的点、线、面、体与造型中的点、线、面、体有基本相同的概念，从概念的相对性上给人以相同的感觉。所不同的是数学中的点，线、面、体是从理性的、抽象的角度来理解的，点只有位置没有面积，线有位置、长度及方向，面有无法描绘的无限延伸性；而造型中的点、线、面、体是从感性的三维空间的角度来理解的，均有大小、面积、宽度和厚度，而且还有形状、色彩、质地等的区别。以下内容从造型的角度来讲解四大造型要素在人物形象中的表现。

（一）点

点是次元的非物质存在，表示位置，无方向。设计中的点有大小、形状、色彩、质地的变化，是相对较小的点状物。点在造型设计中是最小、最简洁同时也是最活跃的因素，它能够吸引人的视线，使设计中的点能够引人注目。点在设计中代表了东西的存在，并非是一个小圆点，也可以是别的形状。造型艺术中所指的点，是既有宽度，也有深度，如服装上的扣子、饰品等。点从形状上可以分为两大类：一类是几何形的点，轮廓是由直线、弧线这类几何线分别构成或结合构成的，如服装上的口袋、领结、纽扣等，这种点给人以明快、规范之感，装饰味比较浓；另一类是任意形的点，其轮廓是由任意形的弧线或曲线构成的，这种点没有一定的形状，如用柔软材料随意制成的头饰，饰物、包带等。这类形状点给人以亲切活泼之感，人情味、自然味道较浓。有的点还具有方向性，如服装中有方向性的口袋、扣等，这种点给人以有秩序感和运动感。点是构成形式美中不可缺少的一部分，点的重复可形成节奏，点的组合可产生平衡，点可以协调整体，点可以达成统一。在人物形象设计中要恰如其分地把点与形象结合起来。下面介绍两种点的应用方法。

1. 单点的应用。点在人们的视觉中具有很强的注目感，如：点设计在人物形象的

中心位置。但若设计在图形中的上方或左右位置，则给人不稳定感和相对的动感。

2. 多点的应用。两点之间会产生一种线的感觉，多点时则会出现不同排列、不同顺序的虚拟的面或形体。

（二）线

在几何学上线是指一个点任意移动时留下的轨迹，点的移动轨迹构成线。线有位置、长度及方向变化，没有宽度和深度。但是造型设计中的线可以有宽度、面积和厚度，还会有不同的形状、色彩和质感，是立体的线。如形象造型中服装、化妆、发型设计的轮廓线等。线的本身是没有感情和性格的，但造型艺术中的线加入了人的感情和联想，线便产生了性格和情感倾向。线也是构成形式美的不可缺少的一部分，线的组合可产生节奏，线的运用可产生丰富变化和视错感，可以通过分割强调比例，可以通过排列产生平衡。线的形式千姿百态，运用在服装设计中可取得不同的设计效果。

在人物形象设计中，线的形态表现分为直线和曲线两种。直线形态主要表现为紧张、锐利、简洁、刚直感等特点；曲线形态则表现为活泼，轻快、柔美、委婉等意味特征。

（三）面

在几何学中，面是线的运动的轨迹，是无界限、无厚薄的。造型设计中的面可以有厚度、色彩和质感，是比“点”感觉大、比“线”感觉宽的形体。面是相对而言的，在视觉上要通过线围起来。被围的部分叫作领域，领域边缘存在着轮廓线。如果用线围起来的部分被别的轮廓线包围或分割的时候，就产生了别的领域，这两个领域之间就产生了不同的内容而形成不同的面。

面在人物形象造型中通常指各构成要素中个体组合块面的形体设计，不同形状组合块面的设计能给人不同的心理感受，如三角形、梯形的面常给人一种稳定、端正之感；但如果将它们倒过来设计，则给人一种轻、不稳定的感觉。圆形则具有一种恒定之感。菱形或不规则形体则给人一种活泼、轻快之感。

（四）体

体是面的移动轨迹和面的重叠，是有一定广度和深度的三次元空间，面是构成体的基本要素。设计中的体可以是面的合拢，点和线的排列集合等。设计上的体有色彩、有质感。在人物形象造型中，正方体和长方体是用得较多的形态，如服装、饰品造型。体的构成可以通过材料的空间围合构成的虚体，以及由面组合成或块立体组合成的实体。虚体和实体给人心理上的感受是不同的。虚体使人感到轻快、透亮；而实体则使人显得庄重、厚实。体的虚、实处理给人物形象造型设计带来强烈的性格对比。

三、人物形象形态

（一）概念

形态是事物的外形表现，是从事物中抽取出来的相对独立的形式要素。宇宙万物均具有形态性。形态能够在人们的经验体系内被直接或间接感知到，比如我们的五官和肌肤甚至大脑和心灵所能感知到的一切事物均以形态形式存在着。人物形象形态是指形象的内外轮廓及特征，是人物形象形态在特定环境下所呈现的外貌。人物形象形态包括形象形状、色彩、材质等要素内容。形象形状是被视觉感知的物体的基本特征之一，形状主要反映形象各部分的外轮廓特征，反映点、线、面的组合面貌，同时具有二维平面的性质；色彩是指任何可视形象都呈现色彩并由于色彩差别的存在而被视觉感知。反过来，色彩又因为附着于某种形态而通过这种形态被人感知。形态与色彩有各自独立的品格，又互为依存；材质则指塑造形状的不同物质而带给人的视觉和手感上的差异，反映形态的物质构成特征。不同的材料及其构成形式在视觉上给人以不同感受。

（二）人物形象设计中的形态表现

1. 量对形态表现的影响

量的表现与体的意义有相同之处。量有大小、长短、粗细、多少等，量是相对的，依靠对比在一定条件下形成。不同的量对形态表情具有不同的影响。在人物形象设计中，量是影响人物形象形态表现的重要因素。例如，用单一造型元素进行人物形象设计，如果这种元素只运用一次，就可能使设计非常单薄，设计元素不够突出。但是如果这种元素大量使用，并按照一定的排列形式进行大小、疏密、粗细的变化，设计就会非常丰富，而且不同的排列形式会有截然不同的视觉和造型效果，从而赋予人物形象以多重的形态表情。比如，一个小点在人物形象设计中感觉没有分量，一个大点则可能成为设计的视觉中心，而当无数个大点与小点进行有规则或者无规则的、交叉杂乱或秩序井然的堆积排列时，则可能会表现出大气浑厚、自由活泼或高贵华丽等不同的情感。因此设计者要在掌握了形式美的原理之后培养对设计元素宏观的统筹把握能力。

2. 色彩对形态表现的影响

色彩包括无彩色和有彩色两大内容。无彩色是指造型中的黑、白、灰。设计中，无彩色黑、白、灰各自有着不同的性格，黑色具有重量感、后退感和收缩感等，白色与黑色的性格刚好是相反的，灰色取黑、白色性格的中间值。运用以上原理，人物形象的刻画可针对不同的身材外形选择不同的色彩包装。如胖子穿黑颜色的衣服可以显得瘦一点；体型偏瘦的人穿白色的衣服可以增加在空间中的体积感。有彩色是指所有有色彩倾向的颜色。有彩色有冷暖之分，冷色的性格表现为寒冷、贫素、收缩、后退等，暖色的性格则表现热烈、华丽、前进、扩张等特征。在人物形象设计中运用不同的色彩对表达人物形象设计的情感因素有很大的影响，完全相同的设计，由于色彩的选择、应用不同，会出现完全不同的视觉效果。

3. 虚实对形态表现的影响

虚实是人物形象设计中经常用来表现人物形象、形态、表情的手法。它带给人视觉上和感觉上的层次感和变化感，对人物形象设计的风格影响也较为明显。比如，用花色艳丽的丝绸面料做成服装，感觉明快、形态明确，如果在外层覆上一层薄纱，覆盖在薄纱下面的服装花色就会若隐若现，让人产生丰富的幻想，也会在心理上赋予人物形象不同的情感内容；如果再使薄纱形成不同的层次，就会形成色彩的强弱、韵律的虚实变化；再如将服装上的缝纫线迹层层加固，就会感觉牢固扎实，如果使用大针迹形成虚线，就会感觉比较松散，这也是虚实运用在人物形象设计形态中的一种表现。虚实在人物形象设计上的形态表现方式多种多样，只要掌握了基本概念及原理，设计者可根据设计要求和目的自由选择运用。

4. 材料质感对形态表现的影响

材料质感对形态的影响是人物形象设计中非常重要的因素。不同的面料带有完全不同的感情倾向，即使完全相同的设计，换用不同的材料，就可以完全改变人物形象设计的风格。如一件最简单的背心，分别用丝绸、皮毛、皮革制作，丝绸给人以轻快的感觉，皮毛给人以粗犷感，而皮革则给人以前卫感。肌理效果是材料质感的一个特色，肌理是形状表面经过再加工或者自然形成的不同纹理。尤其在现代人物形象设计中，当设计和色彩的运用达到一定的极限以后，对物质材料的再造或肌理处理成为强调设计的重要途径。肌理的差异性可以使人物形象设计呈现出不同的面貌。

四、形态与造型的区别、联系及表现侧重

造型与形态是有联系的，它们之间存在着某种共通性，互为依存，不可分割。从最表层的含义上去认识，造型与形态都有“形状”或“外形”的含义，对同一事物来说，

造型的形、色、质与形态的形、色、质是相同的，只是表现侧重不同而已。如果把两者用形式和内容的关系来描述，造型是形式要素，而形态则属于内容要素，造型是对形态外形的“白描”。形态的形、色、质转化为造型的形、色、质，形就转化为完全空间关系上的内外轮廓。

形态与造型也是有区别的。造型偏重于外形的概括表述，一般只注重形的整体特征，研究物体或图形由点、线、面、体组合所呈现的外表，说明性、描写性比较强，只要外形不变，无论大小、方位变化，都可认为是同一造型。而形态研究的重点在于通过外形把握其表现，即其特点对观者所产生的心理效应，外形一样、表现不同就会形成不同表情的形态。造型完全相同的东西，其形态特征可能会相差很大。例如地球和气球从造型要素上来讲都是圆的，造型相同，但形态却有着很大的差异：地球是实的，它包含有许许多多实在的内容；而气球是空的，里面只有空气而已。

造型与形态在人物形象设计中有不同的表现侧重。在人物形象设计中，对造型狭义的理解一般是侧重于服装款式的表现，侧重于点、线、面、体的组合表现形式。服装造型主要是把握服装外轮廓以及内结构的外观特征，强调其在二维空间或者三维空间的具体形状。比如，谈到服装的廓形时，我们会说服装廓形呈郁金香形或灯笼形等；谈到服装的搭配，我们会说里大外小、上宽下窄等；或者我们谈到服装的细节结构设计中的高腰设计、收腰设计以及收不收省道等都是从造型角度考虑服装的设计。形态在人物形象设计中则侧重于设计风格、人物面貌的表现，它是人物形象设计造型与色彩、材质相结合后所产生的情感倾向的表现。造型元素的数量、排列形式以及色彩配搭等都会对人物形象设计的形态产生不同程度的影响。相同的人物形象设计造型，如果使用不同的色彩设计，就会有截然不同的形态表情。

五、形象美的设计原理

在艺术领域的美和美感之间，形式美起着中介作用。就艺术欣赏而论，假如对作品的形式美没有一些领会，便不容易很具体地感受作品的内容之美。印象派大师莫奈对绘画艺术的构成强调指出：“整体之美是一切艺术之美的内在构成，细节现象最终必须服从于整体……”可见整体美是一切艺术的根本法则，也是一切艺术审美价值的内在机制。

人物形象的整体美是通过形态构造美、色彩美、机能美、材质美、工艺加工美、个性美、流行美等要素综合显现的，将形态基本要素有机地结合，会产生千变万化、新颖美观的新形式。它包括两个内容：一是在设计中无论采取哪种形式，均在力图体现人物形象的精神风貌；二是构成人物形象造型的各个部分之间在形态和色彩以及材质等配合上要协调统一，即各要素之间要相映成趣，使人产生美感。

优秀的人物形象设计，除了必须具有好的题材与内容之外，还必须有完美的艺术表现形式设计和其他艺术设计，不能用固定的公式来生搬硬套，应认真研究和遵循设计形式美的各项法则，归纳出共通的规律性，成为人物形象设计的理论指导，使人物形象设计达到完美的境界。

（一）形式美原理

1. 变化与统一

变化与统一是人物形象设计最基本也是最重要的原理之一，它贯穿于优秀的人物形象设计之中。变化是人物形象设计中各因素之间的差异、矛盾，即服饰、化妆、发型等造型的不同之处。如将不同的有差异的大小形状、长短线条、浓淡色彩、光泽与无光泽等装饰配制在一起，就产生了变化效果。统一是指人物形象设计中各因素之间的一致性，即形、色、质在表现手法上的相同或相近，使人物形象设计的各部分有规律、有秩序、有整体感。

在人物形象造型设计中，通常以两种方法来构思：一是统一中求变化。在整体人物形象前提的统一的支配下，进行服装、化妆、发型、配饰等局部穿插设计，以求整体统一之下见变化；二是变化之中求统一。在人物形象设计诸多变化元素的有机组合之中，寻找出共同的因素来构成新的秩序，达到人物形象设计的整体统一。变化与统一是相反的、相对立的，又是互相依存、缺一不可的。

2. 和谐与协调

和谐又称调和，可以解释为形式上部分之间的相互协调关系，和谐可以区分为类似和谐与对比和谐两种类型。在同一画面上出现两个或两个以上的形状或色彩时，彼此之间的关系总不外乎相同、相似或相异三种情况。若在细部上以相同的或相似的形式结合并产生融洽愉快感觉，我们将其称之为“类似和谐”或“关系和谐”；若在细部上以相异的形式共同结合，其对比关系又能相互协调而形成融洽的形式，则称之为“对比和谐”。类似和谐的形式富于抒情意识，具有柔和的效果；对比和谐的形成则富于说理的理念，具有强烈、明快的感觉。

协调在人物形象设计中是指几个构成要素之间的调和、合理地组织和统一与变化关系，使各个部分相互关联以达到与整体的统一性。协调的关键是如何来合理组织构成元素。如人物形象外表的上下、内外气质协调，服装与配件、化妆发型装饰协调，服装形态表现中的形状、颜色、材质协调等。协调有相似协调和相反协调。相似协调指相似的东西有共同的因素和特征，容易融洽产生协调。大圆、椭圆都能有共同的曲线状，矩形、三角形等多边形产生协调的相似因素是直线状。人物形象设计中往往在局部造型形态上运用某一相似的基本形态，或反复使用同一种色彩，以求与整体形象协调一致。

3. 对称与均衡

在自然界中，对称、均衡的形象是十分常见的，人体构造就是均衡与对称的形式。对称给形态以最大秩序性，具有安定、庄重、单纯的感觉，但如处理不好也会产生呆板、僵硬、沉闷的弊端。对称有左右对称和放射对称两种形式。人物形象设计中，造型形态的平衡不是指物理学中物质质量上的相等，而是指空间部分的重量感觉在相互调节中所形成的静止现象。视觉形式上不同的造型、色彩、质感、光线等要素所引起的不同重量感觉，如果能保持一种安定状态时，即可产生平衡的美感。

均衡的原理相当于天平或秤的原理，基本上可以归纳成“对称平衡”和“非对称平衡”两种均衡形态。良好的均衡能得到静中有动的美感，美的平衡配置方案变化无穷。对称平衡是指中心两边或四周的形象，都具有相等的视觉量而形成的静止形象。上下对称是以一个轴为中心，两边的形象与位置相同，呈现安定而静态的效果；辐射对称则以一点为中心，四周形象依一定角度做放射状的回转排列，形成稳定而蕴含动感的效果，原则上，对称形式的对称平衡给人庄重的感觉，又被称为正式平衡。就人物形象而言，无论从正面、背面看，都是根据纵向中心轴线来形成的某种对称形式。如果造型形态是左右对称的话，那么必然会反映出平衡的效果。这是一种使人视线重复观赏、左右同型、同量、同位的造型，所以容易使人感到严厉、朴素、乏味、单调。

应用不对称的方式而取得平衡的效果，又被称为非正式平衡。非对称平衡是指形式中，相对部分的形象完全不同，即上下、左右不对称，但由于中心点位置的改变，在视觉上同样产生相对稳定的平衡感，以色彩轻重来达到平衡，以印花图案花纹不同达到平衡，以局部分割调整达到整体平衡，并且把各自的位置与距离安排得宜，使量的感觉减弱或增强而形成的平衡现象。

4. 节奏与韵律

韵律即节奏、旋律，指静态形式的组织在视觉上所引起的律动效果，其中含有运动感与时间性，可使造型产生统一、协调的美感。造型、色彩、质感乃至于光线等形式要素在组织上合乎某种规律时，静态空间或平面的韵律感，主要建立在以秩序、和谐、反复为基础的规律上。假如构成要素的组织有单纯的规律，它所引起的韵律感必然较单纯；若组织规律略有变化时，即将产生较丰富的韵律效果。但是，如果变化太多而脱离秩序原理的规范时，将导致混乱而破坏韵律感。

韵律的基本形式：

连续韵律：同种形态要素无变化地重复排列。

渐变韵律：同种形态要素按某一规律逐渐变化的重复。

交错韵律：同种形态要素按某一规律交错组合的重复。

起伏韵律：同种形态要素使用相似的形式，按某一规律作强弱起伏变化的重复。

在人物形象设计中节奏的应用主要是在造型设计上采用反复交替的方式来体现形象。单调的、有规则的反复，杂乱的、无规律的反复，富有趣味感的重复，生硬直线的反复，醒目色彩的反复，都能产生节奏韵律感。

六、人物形象设计中的视错觉应用

我们对形态的辨别，是根据过去的认识和经验主观地进行判断的，因此这种判断有时就和客观事实不符，这在视觉上称为“错视”。我们的眼睛，由于受环境、角度或光、形、色等各种因素的干扰，及人们以往经验的介入和生理上的原因，在感知事物的时候，是常常会发生错误的。视错觉在生活中常常出现。在黑夜里迅速晃动一根点燃的香烟，烟头的光点在眼睛里成了一条光线。在飞驰的火车上观看路边的景物，似乎路边的房子、树木都是向车后奔驰运动的。很显然，视错觉不但在生活中普遍存在，而且复杂多样。在建筑、雕塑、绘画、广告、工艺设计等艺术领域中，视错觉不但被普遍应用，理论上也有较为深入系统的研究。人物形象设计是视觉艺术，视错觉在其设计中也经常出现。运用视错觉的概念原理，对人物形象造型中的“形”与“色”修正和弥补，升华人物形象。如生活中许多不同的服装穿在同一人身上，效果有很大差异，有的服装能使人显得胖或瘦，有的能使人显得高或矮，还有的则能使人显得脸白或脸黄，其实这些都是审美上的视错觉现象，这些审美上的视错觉没有使人产生歪曲客观事物的感受，却更有利于表现出事物的斑驳陆离，产生出丰富的艺术形象和意境，更突出了事物的特征，显出生动而妙趣横生的艺术效果。视错觉现象应用方法很多，下面将分别介绍和说明。

（一）负残像视错觉

实验中，我们盯着红色图案30秒钟，再迅速地将视线移到白纸上，那么我们会看到白纸上出现绿色的图案。这就是视觉的负残像视错。人物形象造型时，负残像视错的应用主要表现在人的肤色与包装物的色彩搭配上。如不同肤色的人在选择服装的色彩时，肤色黄色偏红的人若穿着彩度较高的绿色服装时，由于负残像视错，面部会显得更红；肤色带黄绿色的人，也不适宜穿着玫瑰红等艳丽颜色，否则缺点更加暴露无遗。

（二）大小视错觉

在同一视觉下，相同大小的形态由于色彩明度、冷暖不同导致视觉上的大小错觉。视错觉结论：色彩明度高的图形比色彩明度低的图形大，暖色比冷色看上去图形大。根据这个原理，人的体态可得到相对的修饰。如体态瘦的人用暖色、亮色包装可使其显得丰满、有张力感；而体态胖的人用冷色、暗色来包装则能使其显得苗条、干练；腰部太长者，使用腰带的颜色应与下装统一，以收缩腰部的距离，使腿显得长些；脖子短而粗的人不适合佩戴鲜艳的围巾；肿眼睑化妆时不宜选用过亮和暖色的眼影；嘴唇突出者选用唇彩应该使用暗、冷色彩等。

（三）前进与后退视错觉

在同一视觉下，相同大小的形态由于色彩明度、冷暖不同导致视觉上的远近错觉变化。视错觉结论：暖色比冷色感觉近，明亮的色彩感觉比暗的色彩显得近。根据这个原理，人物形象立体化妆时，打底色阶段应该选用亮、中、暗三种不同颜色的底色分别运用于面部不同的地方，中间底色涂敷于全脸做底，亮色涂敷于突出的地方，如额、鼻梁、眉骨、颧骨及下颌尖，暗色涂敷于那些需要“凹”的地方，眼眶、两颊腮部用晕染的、拍抹的手法使明暗色分界线自然过渡，使平淡、呆板的五官立体化，富于生气。

（四）长度视错觉

在构图中，相同长度的线段两头与不同造型的形态组合，会形成原有线段长度的主观变化。给人的感觉是或长、或短，这就是长度视错觉。根据这个原理，人物服装的肩部造型，可在相同小肩宽的基础上选用泡泡袖、羊腿袖装饰，使其有加宽肩的感觉。如果人物造型只需颀长身高，在服装设计上可选择礼服鱼尾裙式样，以增加身材的修长感。

（五）分割视错觉

相等长度的两根线段，将其中的一根线段做形态分割，我们可看到被分割的线段形态比没有分割的线段形态略显长一些，这就是分割视错觉原理反应。在人物形象设计中，可采用这一规律调节服装造型的结构线。如上衣的落地造型，可从两肩的中间处垂于下摆，也可从袖笼处弧线延伸至下摆，从两肩的中间处垂于下摆的造型可拉宽肩部视觉感觉（显得肩部宽）；上身短下身长的人可选择横向多分割造型的上衣，反之就应该加强下装的分段造型设计。

视错觉应用是艺术造型中的一种方法和手段。在人物形象设计中，要使设计真正体现出美感，关键是设计者要从人物形象个人自身的体态、肤色等方面着手，通过利用视错觉规律，发挥“形”与“色”的矫正效力，在小中见大、在深中见浅、在短中见长、在近中见远、在黑中见白，以弥补、调节形象不尽人意的缺陷，以达到扬长避短的目的，美化、强化人物的形象气质。

第二章 人物形象设计构成要素

人物形象设计，是将构成形象各因素内容如服饰、配件、化妆、发型等与特定的环境、美感条件综合协调，并创造出新的视觉美的一项工作。不同的因素如服饰、配件、化妆、发型等内容是构成形象主体美感的关键所在。因此，学习人物形象设计，首先必须学习和掌握各个要素的概念意义、基本功能和表现方法。

第一节 服装设计

服装是衣服鞋帽和装束的总称，是指一切可以用来装身的物品。服装与其他物质形态相比最大的特点在于它直接与人体发生关系。任何一种物质形态存在的东西只要与人体联系起来，从某种程度上讲都可以理解成服装，或者说是组成服装的一部分。例如，花朵以自然形态存在于自然界中，我们视它为花朵，而当我们将它搬到人的身体上，即使它仍是一朵鲜艳欲滴的鲜花，我们也不可能再简单地从其原来的含义去理解。这时的花朵已经隐含了服装的含义，变成了服装的一部分，成为具有某种具象形态的服装。

服装是人类创造的文化形态，服装在社会发展中作用特殊，是人类野蛮与文明的分水岭。服装的本质是文化，而人也是文化的存在，服装通过人体使用，构成服装这种生活状态。从服装与人的关系上，我们可以看出，服装首先是人类借以生存而创造的一种物质条件，同时也是作为社会人生存所必须依赖的精神表现要素之一。服装是无生命的服务与有生命的人结合的产物，这就构成了服装的本质，即来自人类生理需求的物质性和来自人类心理需求的精神性。

服装的物质性首先表现为服装的实用性。对实用的理解，可以有广义和狭义之分，广义上的实用可以理解为对于自然环境和社会环境的适应。无论哪种服装，都有一定的用途，或用于欣赏，或用于防护，由设计的目的来决定。狭义上的实用，可以理解为服装的机能性。机能性包括了服装的一系列功能，如防护功能、透气功能、储物功能、健身功能、散热功能、舒适功能等。服装的物质性其次表现为服装的科学性，是指从科学角度研究服装的各种物理性能和化学性能，以及这些性能对人体的影响。对服装科学性的研究涉及服装材料学、服装工艺学、服装结构设计、服装人体工学、服装卫生学、服装管理学等。从多学科研究服装与人体、服装与服装之间在结构、制作、材料、卫生、管理和营销等方面的合理依据。从这个角度讲，服装是一门综合性学科。

服装的精神性首先表现在服装的审美性。服装是一种综合性的艺术，它离不开艺术的某些特征，作为技术与艺术的产物，两者协调统一，就能充分展现服装在材料、造型、款式、工艺等多方面的美感，从而使服装在外观和内涵上具有其特有的艺术形象感和美学意趣。服装的精神性其次表现为服装的装饰性。这里有两层含义：一是服装本身的装饰手段，是脱离了实际意义的服装表面处理；二是对于人的装饰作用。不同的服装穿戴在人身上，就会不同程度地改变人的原有形象。无论是原始人还是现代人，都有追求美的本能，服装对于人体的装饰美就是起源于这种本能。服装的精神性再次表现为服装的象征性。服装设计语言在一定的文化背景驱使下，使服装呈现出不同的象征意义，其中包括民族的象征、集团的象征、地域的象征、地位的象征和品行的象征等。

一、基本构成

人们穿着的服装，都要通过材料的选择、色彩的搭配、款式的设计和工艺制作后才能构成实现。因而服装的材料、色彩、款式、工艺是构成服装的四大要素，并且这四个要素相辅相成、缺一不可。

（一）材料

服装的材料是构成服装的物质基础，是服装的物质载体，同时也是赖以体现设计思想的物质基础和服装制作的客观对象。缺少了材料，设计仅仅是一纸空“图”。服装材料分为服装主要材料和服装辅助材料。主要材料是服装的外表，它决定了服装质地的外观效果。辅助材料是配合主要材料共同完成服装的物质形态的材料，是服装品质得以保障的幕后英雄。虽然，面料因其所占位置比较突出而显得更为重要，但是，品种繁多、阵容庞大且各具功能的辅料是绝对不能忽视的重要角色。面料和辅料都存在着品质与流行的问题，品质选得越好，服装成品质量越高，当然，前提是服装材料的选择必须与设计意图相吻合，否则会事倍功半。

（二）色彩

色彩是服装构成的要素之一，虽然服装的色彩依附于服装材料，但它在服装构成中是一个相对独立的因素，因为服装的材料主要通过面料的质感和色彩两个方面来反映。在日常生活中，人们往往有这样的体会，在看一件衣服时，首先映入眼帘的是服装的色彩；然后再看到具体的式样造型。因此，人们常把服装的材料、色彩、式样三者相提并论，有的甚至偏爱色彩。这是因为色彩能影响人们的视觉形象，它广泛地存在于人们的生活中，能给人以“美感”。

色彩能使人产生各种不同的感情，这些都是由穿着者的生理与心理的主观作用所引起的。因此在设计时，应该根据各种不同的感情倾向而选择特定的颜色。色彩还具有其特殊的象征性，一旦一种色彩代表某种特定内容，于是该色彩就成了该事物的象征。这种象征性也是色彩的基本属性。

（三）款式

款式主要是指服装外轮廓造型以及内部的衣缝结构和附件设置等。服装是人体的包装物，它除了满足人们身体功能的实用性和装饰性外，还应适应人体的动态变化。服装以一定的内空间量和外空间形变化而形成款式，款式是人体造型美的体现，也是在人体体形上夸张和收缩后的造型产物。人体的着装美感需要不同的款式设计来进行装饰，不同的设计、变化，其意义和内涵表象是完全不同的。如领形变化、三围变化、袖形变化和袋形变化等，这些变化也都能起到美化人们综合形象的作用。因此，探索服装款式变化设计对每个初学者来说是非常重要的。

（四）制作

制作是将设计意图和服装材料组合成实物状态服装的加工过程，是服装产生的最后步骤。制作包括两个方面，一是服装结构，也称结构设计，是对设计意图的解析，决定着服装裁剪的合理性，服装的一些物理性要求往往通过严密的结构设计得以实现；二是服装工艺，是借助手工或机械将服装裁片结合起来的缝制过程，决定着服装成品的质量。一般说来，准确的服装结构是准确缝制的前提，精致的服装工艺是结构的保证。

二、设计特点

（一）以人体为基础

服装被誉为人的第二层皮肤，设计的造型基础是人体，所以在进行设计时，必须以人体为设计依据并且受到人体结构的制约，在人身上经过人体的检验。脱离人体，设计是缺乏功能意义的。但是服装和人体也不是简单的对应关系，设计的造型并不是完全顺应人体的外形。尤其在现代服装设计中，除了其基本的应用功能外，其审美功能已经越来越重要，好的服装设计可通过服装等装饰突出人体的优点，同时还可以掩盖人体的某些缺陷。

（二）以社会为基础

服装设计属于艺术设计的范畴。装饰说是服装的起源说之一。服装设计本身是为了美化生活、满足人类对于美的追求而进行的艺术创作。同其他艺术创作一样，服装设计也要符合最基本的美学原理，比如造型设计中点、线、面、体的统一，形式美原理中的对比、平衡、旋律、协调等的运用，以及从人物服装形象造型状态所体现出的情感色彩等，无不蕴含着艺术的感染力，而且这种艺术的感染力是与社会紧密结合的。

（三）以服装构成因素为基础

任何一件服装都是多种构成因素的综合，是服装功能、服装材料和设计技法等的统一，也是实用性和审美性的高度统一。尤其在现代服装设计中，除了特殊作业服以外，服装的审美功能逐渐突出于对身体的保护上。

三、设计的条件

在进行实际的服装设计时，应该对服装穿着者的主、客观方面有个基本了解。即使穿着者究竟是哪个具体的人还不明确，也应该在设计时确定假定的穿着者即目标消费群，然后为其设定某些条件，使设计有很强的针对性，提高设计的成功概率。这些条件通常包括以下五个方面（五个“W”）。

首先是什么人穿（Who）。设计之前，先要搞清楚自己所设计的服装是给谁穿的。“消费者”是个笼统的概念，不仅有性别年龄之分，也有经济收入的差异，每一种人群都有比较固定的穿着倾向。在服装文化比较成熟的环境里，很多人都知道自己该穿什么或不该穿什么，甚至在逛商店购服装时，也比较有目的地选择去处。如果是单件定制，还必须弄清顾客的身体尺寸和皮肤颜色等情况，使设计更加合体，着装状态更加理想。

其次是什么时候穿（When）。服装的时间性很强，在因时令而大减价的商品中，服装往往首当其冲。服装的时间性主要表现在两个方面，一是时令季节。在四季非常明显的区域，服装的季节感也非常明显，只有在赤道附近等区域，服装才因当地季节变化不明显而变得时令感模糊。二是具体时间，即一天中的白昼黑夜，如在“晚穿皮袄午穿纱，围着火炉吃西瓜”这种昼夜温差较大的地区，服装设计一定要适应不同时间、不同气温的变化。在一些比较讲究穿着礼节的地方，一天中的服装要随着时间的变化而更换，这与一天中气温变化也有关系。

第三是什么场合穿（Where）。场合也即环境因素，是服装设计中必须考虑的因素。场合的概念有两层含义，其一是自然条件下的地域，是大环境因素。由于每个大环境都有不同的自然景观和历史背景，服装亦呈现出不同的文化含义和时尚倾向，例如，巴黎有巴黎的特色，东京有东京的风格，上海有“海派”服装，武汉有“汉派”服装，每个派别都有各自与众不同的服装特征。其二是社会条件下的场合，是小环境因素。人们生活在纷繁复杂的社会结构中，与社会结构的各个部分保持着相对均衡的关系，社会的活动场合是这种关系的表现形式之一，具有各自特定的内容。每个人的穿着打扮也体现出与场合的协调性，例如，工作的场合、休闲的场合、礼仪的场合等均有内容一定的服装与之相配。在现实生活中，对小环境的考虑甚至超过对大环境的考虑。

第四是穿什么服装（What）。这是一个如何选择具体服装和如何组合搭配的问题。即便是某个人在某个时间的某种场合里，服装上也有多种选择的可能。对着装状态的选择，哪怕是选一枚什么样的别针或一种什么样的口红，都可以反映出穿着者的时尚品位和审美水平。虽然这个问题往往是交给消费者自己解决的，但是，设计师在设计时要在服装中考虑给消费者留有某些解决问题的余地，也就是服装不仅设计得有特色，也要有多种搭配的可能性。消费者一旦确定了某种形式的服装，便已决定了由此而带来的着装状态与他人的关系，从而决定了自己在人群中所扮演的角色。

第五是为了什么穿（Why）。服装从它诞生以来，渐渐地附带了许多目的，人们穿衣服已不仅仅是出于保护目的。服装的造型、色彩、材料和工艺为服装带来了形形色色的象征性，当服装达到了人们所要求的保护目的之后，消费者开始利用服装的象征性为自己服务，还用诸如服装的审美性、时代性、民族性等内容修饰自己。从服装的社会目的上看，在很大程度上，穿服装是为别人而穿的，并不完全是为自己所穿的。社会需要法律秩序和道德秩序，人们需要爱和被爱，这些可以由服装参与实现。穿上礼服既是尊重别人，也是企图获得别人的认同。青年人在穿着态度上格外积极，其潜意识动机是想引起异性的注意。

四、服装分类

关于服装分类在很多专业的服装设计丛书中已经介绍得非常清楚，在这里就不做详细的讲解。本小节内容是围绕人物服饰造型进行分类说明的。

（一）从衣饰造型关系上分

1. 衣服，指穿在人身上起功能性和装饰性作用的物品。

2. 附属品，指穿戴或起装饰作用的，系扎于人体上的、具有实用价值的物品。如围巾、耳套、手套、领带、皮带、臂章、领章、眼镜；头饰、项饰、胸饰、腰饰、腕饰、指饰、脚饰；包袋、雨具、手杖、手表、烟具、扇子等。

（二）从着装性质上分

1. 职场服装是指在特别严谨规范的工作环境里所穿的衣服，有明显工种区别的统一着装，也包括并无统一着装规定的公司上班服。如：套装、矿工服、炼钢服、宇宙服、极地服、消防服、化工服、防毒服、军服、警服、铁路服、海关服、邮电服、校服、医务服、裁判服、登山服、田径服、游泳服、球类运动服、举重服、体操服、击剑服等。

2. 生活服装是指生活场合穿的服装，它包括有三个部分的内容。一是充分展示穿着者工作另一面风采的服装，如：针织衫、旅游服、便服等；二是指在正规的社交场合所穿的服装，如：礼服、宗教礼仪用服、出访服、丧服等；三是指在家庭生活中，起居、做家务时所穿的衣服，如：睡服、晨服、浴服、雨衣、烹调用服。

3. 影视服装是指演员在特制的舞台艺术环境中，应某种需要所必须穿着的服装。如：电影、曲艺、音乐、电视、戏剧、舞蹈、杂技等演出用服。

五、轮廓设计

服装的轮廓是造型的根本。服装造型的总体印象是由服装的外轮廓决定的，它进入视觉的速度和强度高于服装的局部细节。服装轮廓变化蕴含着深厚的社会内容，如“二战”期间，经济困顿，男性都上了战场，女性不得不做以前均由男性去做的工作，于是简单方便的军服式服装颇为流行，其轮廓特点就是平肩、短裙、裤装；“二战”以后，战争的阴影在人们心中慢慢消除，女性又开始寻求能够塑造女性优美线条的服装，于是设计师迪奥审时度势创造出了轰动巴黎服装界的 A 型轮廓线。轮廓映射着社会的变革，服装的轮廓还能反映出穿着者的个性、爱好等内容，长、短、松、紧、曲、直、软、硬等造型的背后，包含着审美感和时代感，折射出穿着者的品性。

轮廓是用来区别和描述服装的重要特征。纵观中外服装发展史，服装的变迁是以轮廓的变化来描述的，如20世纪40年代的A型，50年代的帐篷型，60年代的酒杯型，70年代的X型，80年代初的H型等。由此可以看出，流行款式演变的最明显特点就是轮廓的演变。服装款式的流行预测也从服装的轮廓开始，把它作为流行款式的基准。设计师可以从服装轮廓线的更迭变化中，分析出服装发展演变的规律，进而可以更好地预测和把握服装造型流行趋势。下面将分别介绍不同轮廓的设计特点。

（一）风格

现代服装更强调其审美功能，服装风格是设计者在造型的背后隐含的表现服装个性的语言，设计者应该学会把握好这种语言，从而使自己所设计服装的轮廓能更好地反映出服装的风格内涵。确定某种风格并且努力表现出来，不仅提高了服装的品位，也提高了设计水平。设计之前主动对造型进行定位，会使设计方向更加明确，有利于设计的实际操作，否则最后完成的作品可能不是自己真正想要的东西，设计的自信心会因此而受到影响。创意服装或实用服装中都有风格倾向的存在，风格明显的服装容易得到社会的认可。当然，究竟选择何种风格，还要看设计指令有何要求。

（二）体积

确定其设计的服装是采用何种程度的体积。体积包含着尺寸的松紧大小和材料的软硬厚薄等因素，有些设计指令对体积有比较明确的要求，有些则留给设计者自行处理。创意服装一般需要较大的体积镇住观者，实用服装则根据流行特征而定，20世纪80年代的宽大体积和90年代的窄小体积恰成对比之势。从本身来看，体积是由材料的堆积程度而定的，大体积服装的视觉冲击力较强，适合远距离观赏，不过体积过大会给行动造成一定影响。

（三）体型

确定所设计的服装是由具有何种体型的穿着者所穿用。人与人之间的体型存在着明显的差异，即使被视为具有“魔鬼般身材”的超级名模，其体型也各有不同。体型是服装赖以支撑的最好衣架，所以形容一个人体型好有“衣服架子”之说。体型的高矮胖瘦、凹凸起伏是服装轮廓设计的重要参数，尤其是一些拥有特殊体型者，更是设计者慎重考虑的对象。

审美功能是服装的功能之一，如何突出人体美好的部分和掩饰人体的不足部分，是设计者要做的主要功课。若设计对象已有一个较好的体型，设计起来就方便得多，反之，则要调动许多设计语言，尽可能为其扬长避短。

（四）对比

确定所设计的服装将达到怎样的对比效果。人体的上半身和下半身是充满对比的形体，这特点决定了服装轮廓总的外观要求是对比效果。但是由于服装适用场合不同，对于对比的程度也有不同标准，不能把所有的服装推向对比的极端，需要适当使用调和的手段。没有对比，设计将太平淡，对比过强将太刺激，因此，对比的基调应在设计前决定。就造型而言，对比的内容也很多，上下装的长度对比、宽度对比，体积对比、线形对比等。

六、服装的分类设计

（一）不同年龄的分类设计

不同年龄的分类设计是按照人物年龄阶段性着装表现而分类的。这种分类服装的年龄跨度很大，从小到老，几乎涵盖了人生的全过程。以年龄段区分服装是目前比较流行的品牌定位的做法，每个年龄段的人群都有不同的生理特征，这是服装裁剪的依据；更要注意每个年龄段的人群所拥有的心理特征，反映出他们对服装的看法，这是服装设计进行艺术处理的根本；还要注意他们的经济状况，喜欢不喜欢服装是一回事，有没有能力消费服装是另一回事，这是产品价格定位的要素。如果价格定位已确定，那么，面料价格范围和制作成本就基本明确了。

1. 童装（婴儿装、幼儿装、儿童装）

（1）婴儿装

从出生到周岁之内的婴儿所穿的服装称为婴儿装。婴儿的体征是头大身体小，身高约为 4 个头长，皮肤细嫩，腿短且向内侧有弧度弯曲，其头围与胸围接近，肩宽与臀围的一半接近。婴儿一般不会行走，依赖大人的照顾生活着。婴儿大小便不能自控，且次数频繁，服装要求必须是造型要宽松，易脱易穿，不能用硬质辅料，不能有太多装饰物品，下装应采用开档结构造型，色彩一般以浅色、柔和的暖色调为主，可以适当装饰些绣花图案。面料以吸湿性强、透气性好的天然纤维为宜，如：软的棉织物等。

（2）幼儿装

2—5 岁的幼儿特别活泼可爱，好动好奇，成长速度很快，身高约为头长的 4—4.5 倍，脖子渐长且肚子呈圆形。此时正是心理发育启蒙时期，因此，要适当加入服装品种上的男女倾向，男女幼儿服装没有大的形体差别。由于幼儿对自己行为的控制能力较差，设计时要考虑安全和卫生功能。幼儿服装总的要求是造型要宽松活泼。幼儿女装外轮廓多用 A 型，如连衣裙、小外套等。幼儿男装外轮廓采用 H 型或 O 型，如 T 恤衫、灯笼裤等。局部可采用图案，边饰、镶嵌、抽褶等装饰，色彩以鲜艳色调或耐脏色调为宜。面料可采用全棉的针织布或灯芯绒，也可选用柔软易洗的化纤面料。

（3）儿童装

儿童装又称大童装，是适合 6—11 岁左右儿童穿的服装。此时的儿童生长速度减缓，体形变得匀称起来，圆形肚逐渐消失，手脚增大，身高为头长的 5 倍到 6 倍，腰身显露，臂腿变长，仍非常调皮好动，对美的敏感性增强，对服装已有自己的看法和爱好。这时服装的设计要求是：造型以宽松为主，可以考虑体形因素而做省道处理。男女童装在品种上有区别，在规格尺寸上也开始分道扬镳，可采用图案装饰，色彩可以强调对比关系，变化多样，面料适用范围较广，天然纤维和化学纤维织物均可。

2. 少年装

少年装是指 12—17 岁左右少年穿着的服装。这个年龄段的少年处于发育生长期，男孩较女孩略晚几年。这个时期的体形变化很快，性别特征明显，差距拉大。男孩肩部增宽，臀部相对显窄，手脚变长变大。女孩胸部隆起，骨盆增宽，腰部相对显细，腿部显得有弹性。不过，他们的身材比较单薄。其设计要求是：造型介于青年装和儿童装之间，不太强调个性。

3. 青年装

青年装是指 18—30 岁左右青年人穿着的服装，这个年龄段的青年人着装很有特点。其体形已发育成熟，身高达到了最高峰。身体各部位逐渐粗壮丰满，对流行的追求最为敏感，是表现最强烈的“穿衣一族”，因为他们通常想借助服装吸引异性的目光。青年装总的要求是：造型轻松、明快，变化范围很大。服装的性别特征可非常明显，也可模糊。一般来说，男青年装造型挺直，结构略有夸张，讲究服装的品质。女青年装造型变化极为丰富，以能突出优美身段的造型最为常用。局部造型丰富多变，各种装饰恰当运用。色彩的选择与流行色关系密切，时而深沉，时而艳丽。以强调对比因素为主。面料则几乎包括所有服用面料，尤其偏好新颖流行的面料。进入这个年龄段的后半段，由于社会角色和经济来源的稳定，呈现追逐名牌服装的倾向，是个性化的推动力量。

4. 成年装

成年装是指31—50岁左右的成年人穿着的服装。虽然31—35岁的人仍可被称为青年，但由于婚姻和家庭的关系，这部分青年与25岁左右尚未成婚的青年相比，从心理和生理上都有较大区别，因此，在服装领域把这部分人划入成年范围更为合适。成年人体形除了肥瘦变化以外，高度方面基本稳定。40岁以后的成年人有逐渐发胖的趋势。成年装的设计要求是：造型合体、稳重，没有大起大落的变化，受流行因素的影响比青年装少，局部造型简洁而精致，装饰减弱，注重服装的品质。色彩以常用色为主，但注重高雅，也有些流行色的运用。面料选择的范围较广，特点以品质优、简洁清爽为主，冬装还可使用高档的裘皮束装饰形象。

5. 中老年装

中老年装是指50岁以上的中年人和老年人穿的服装。这个年龄段的人体形变化大，身体发胖，逐渐缩短，背驼者也较多。随着年龄的增长，尤其是过了70岁以后，这种情况更加明显。中年人精力仍相当充沛，稳重而实在，对流行款式、色调等已不太关注，造型上喜欢沉稳优雅的风格，严谨而略带保守，设计者要注意用造型修正体态。色彩追求平稳和谐的色调，中年女装偶尔也用鲜亮色调。老年人生活追求的是安详宁静，对流行事物不感兴趣，服装造型要求宽松舒适，零部件宜简单实用，色彩宜选用干净明快的色调，以暖色系为主，适当配合一些图案装饰。面料宜选用柔软、透气的天然或化纤织物。

（二）不同用途的分类设计

1. 日常生活装

日常生活所包含的内容很广，生活、学习、工作、休闲等没有特殊变化和特别要求的场合中所使用的服装都可以归类为日常生活服装。在服饰文化尚不发达地区，会出现穿着一种服装出入于任何日常生活场合的情况。随着服饰文化不断进步，上述情况会逐渐减少，人们会越来越懂得区分场合穿服装的道理。

在平时的家庭生活中，便装、睡服、起居服占有很大比例。便装为非正式社交场合穿着的服装，造型轻松自然，搭配随意多变，装饰运用不多，色彩比较明朗单纯，具有流行特征，面料范围极广。睡衣即睡眠时穿着的服装，造型多为直线型，男式睡衣品种比较单一，女式睡衣则变化较多，主要是在抽褶、花边和绣花方面追求创新，色彩以柔和、淡雅的粉色调为主，营造温馨的家庭气氛。面料要求滑爽、透气、轻薄、悬垂。起居服是指除了睡眠时间以外在家里穿的服装。造型比睡衣略正式一些，不能过于暴露，比较简洁随意。在厨房或庭院里穿的起居服，要适当考虑这些场合的特点和要求。

在一些不需要特别严谨规范的工作环境里所穿的服装，也可归类为日常生活装。例如，并无统一着装规定的公司上班服、自由职业者外出工作时穿着的服装等。这类服装要注意与工作环境的协调。在众人共同工作的环境里，大家在穿着上也应保持一种不可言喻的默契，过分显眼的服装可能会破坏这种默契。

休闲场合所穿的服装则比较随便，是充分展示穿着者工作另一面风采的服装。休闲装已被越来越多的人接受，再繁忙的人也需要休闲时间来调节，需要休闲情调的服装点缀生活。休闲装的设计关键在于体现休闲之神韵，除了对面料的选择要求之外，休闲风格要体现在结构和工艺之中。休闲装所用的面料以具有粗糙肌理或涂层处理的织物为宜，造型应保持轻松而不拖沓，随意而不消沉，自由而不无聊，新颖而不怪诞。

表现娱乐性的运动装也是日常生活装的一部分。这类服装与真正的专业性运动装不同，是介于专业性运动装和休闲装之间的服装。穿着这类服装所从事的运动，是带有游戏、娱乐和消遣性的户外活动，如郊游、垂钓、爬山、狩猎等。活动性质决定了这类服装要具备很强的功能性，如贮物功能、保暖功能、防水防风功能等，有些功能可以通过造型设计解决，有些则通过选择面料解决。这类服装造型上要求宽松，零部件尺寸放大，可考虑脱卸结构。局部多用松紧带、抽绳等处理。色彩比较明朗鲜艳，采用对比色或调配色。面料以具有防雨功能的科技织物为主，也可用皮革、细帆布、牛仔布等其他面料。

2. 特殊生活装

所谓特殊生活是指人生中不经常有的、非常规的生活场合。能形成“特殊”的原因很多，“特殊”的结果也各不相同，这些原因和结果是设计的依据。例如：孕妇服是怀孕妇女必穿的服装。怀孕后，妇女的体型变化很大，穿平时的服装，既不雅观，又不符合生育保健的要求，温馨而舒适的孕妇服便随之产生。

残疾人服是针对残疾人的特点而设计的，残疾人尤其是肢体残疾者也需要美，用服装来修饰他们的遗憾。残疾的部位和程度是造型设计的依据，要尽可能利用视错觉原理和色彩变化为其修饰。病员服是病员在治疗和康复期间穿着的服装，其服装要求方便病员活动，便于换洗和护理。尤其是手术后的病员，更需要有特殊的病员服。总之，特殊生活服的设计不仅要把重点放在加强功能性的方面，还要考虑穿着者的心理特征，帮助他们克服心理障碍，在造型、色彩和面料的选择上不能掉以轻心。

3. 社交礼仪装

社会是一个大家庭。在正式的社交场合，穿着礼仪装不仅是体现自身价值的需要，也是对别人尊重的体现。礼仪装包括晚礼服、婚礼服、晨礼服、午后礼服、仪仗服、葬礼服、祭礼服等。

随着现代社会文明的发展和快节奏生活方式的需要，某些场合或某些种类的礼服正在被简化，或者被其他服装代替，只有晚礼服、婚礼服、仪仗服等还受到人们应有的重视。尽管如此，这些礼服在继承传统的基础上，融合了不少现代口味。

传统的男式晚礼服已基本定型，由领结、衬衫、燕尾服和长裤组成，除了面料和局部造型有极细小的变化外，没有其他变动。穿着这种晚礼服的男性呈减少的趋势，取而代之的是简洁的西服套装，其款式变化较多，有单排扣和双排扣之分；单排扣有单粒扣、两粒扣、三粒扣和四粒扣之分，双排扣中有两粒扣、四粒扣、六粒扣和八粒扣之分；常用的领型有平驳领、枪驳领、青果领等，下摆有单开气、双开气和无开气之分；口袋有手巾袋、单开线袋、双开线袋、贴袋、有盖袋和无盖袋之分。整体造型要求挺拔、合体、肩部加宽、腰部收紧。色彩基本上是黑色，面料为精纺呢绒，局部可镶拼缎面织物。这类服装是男式服装中最讲品质的服装之一，充分表现出豪华、庄重的特征。

女式晚礼服是女装百花园中开得最妖娆艳丽的花朵，是最能展现设计者艺术才华的服装之一。由于社会形态和传统文化的影响，女式晚礼服的面貌风格各异，内涵极为丰富。以西方女式晚礼服为例，其设计时而讲究主题，时而讲究形式，或端庄秀丽，或热情性感，造型、色彩和面料的选用都极尽引人注目之能事，争奇斗艳。比较传统的晚礼服注重腰部以上的设计，或袒露、或重叠、或装饰、或绣花，腰部以下多为曳地长裙，体积夸张，比较现代的晚礼服则设计中心随意设置，暴露部位飘忽不定，虽以长裙式居多，却线型简练，结构精致。晚礼服的色彩艳而不俗，雅而不淡，面料以质地上乘的丝绸、塔夫绸、纱绡为主。高档晚礼服通常是因人而异单独设计的，穿着者的身材、肤色及气质是重要的设计条件。

婚礼服在人的一生中穿着次数虽然极少，但会留下弥足珍贵的美好记忆，是非常重要的礼仪服之一。除了有些传统服饰文化保留得很好的地区，男性在婚礼上仍穿燕尾服以外，更多地区的男式婚礼服已改为高档的西服套装。女式婚礼服则基本保留了传统的婚礼服形式，体现纯洁高雅、秀丽素净的风格。女式婚礼服又叫婚纱，外轮廓造型以 X 型居多，典型款式是上身贴体、胸部微袒或不袒，袖山高耸宽大，下身长及地面，裙摆夸张，配以头纱和手套。其变化设计很多，可吸收晚礼服的造型特点，采用大量花边和刺绣作装饰，层层叠叠，在圣洁中显露华贵之气。富有个性的婚纱设计，甚至采用超短连衣裙的造型，配合大量轻纱、花边和亮片，透出时代气息。绝大部分婚纱均选用纯白色，面料以高档丝绸和纱绡为主，采用人造缎面织物和电脑花边织物。

仪仗服是指在隆重的庆典仪式中仪仗行列所穿着的礼仪服。仪仗服带有军队礼仪服的痕迹。所不同的是后者强调威武严谨，前者力求热烈欢快、豪华辉煌的气氛。仪仗服的造型威严中带有活泼，合体中带有夸张，局部造型明快而肯定，多用镶拼、滚条等手法，绶带、肩章、领章、勋章、缨穗、腰带、靴子等配饰应有尽有，配饰的材料也丰富多样，如金属、丝绸、皮革、驼毛、羽毛、裘皮、编织带等。色彩以鲜亮的暖色调为主，配合金、银、黑、白，形成豪华的色调。面料以挺括的制服呢、华达呢或直贡呢为主，偶尔也采用一些轻薄织物。

4. 特殊作业服

特殊作业服是在有危害性的特殊环境中穿着的工作服。这些特殊环境是一般日常生活中几乎碰不到的，对人体存在着种种不利和危险因素。例如，宇航员、极地考察员、核材料研究员、消防员、潜水员等在其工作现场所穿的服装。一般来说，这类服装的防护功能大大超过审美功能。

5. 装扮装

装扮装的用途也比较特殊，普通人不太有机会去穿着，其中最有代表性的是戏剧服装和道具服装。

戏剧服装是指在影视艺术和舞台艺术中扮演某个角色所穿着的服装。影视艺术服装与舞台艺术服装有所不同，前者比较真实，用历史的、现实的态度再现服装，后者比较夸张，用写意的、虚拟的态度表现服装。两者的共同点是：服装与表演的内容紧密相关，不能让服装与剧情产生矛盾。在以历史题材为背景的影视艺术中，服装的设计成分其实不多，设计的步子不能跨出历史背景下的服装，否则要闹笑话。反映当代题材的影视艺术中的服装则以当前真实的服装为蓝本进行设计或搭配。只有在表现未来题材的影视艺术中，服装的设计成分上升到首位，给设计者以较大的想象余地。舞台艺术的特点决定了其服装与现实生活的距离，尤其是戏曲服装，如京剧、沪剧、越剧、川剧、昆曲等，均有各自的传统特色，服装与角色行当有一定的规定性。即使在话剧等比较贴近生活的剧种中，其服装仍对生活服装进行概念化、程式化处理。大多数情况下，戏剧服装设计应贯彻导演的意志，其造型、色彩甚至面料往往是集体创作的产物。

道具服装是指在一些表演形式或特定场合中充当道具角色的服装。例如：迪士尼乐园中的唐老鸭、米老鼠形象，电视节目中的大熊猫、机灵鬼等。道具服装已远离了服装的本来面目，成为表演项目的一个组成部分。道具服装的造型要求卡通化、典型化，与人们心目中的形象保持一致，体积庞大，可高达5米以上，穿着者仅是其支撑物。造型设计时，要考虑结构的可能性和合理性，为制作提供方便。对一些将全身包裹封闭其中的道具服装，要顾及穿着者视觉和呼吸的需要，还要注意服装的散热性能。为了获得生动的效果，可以将动物造型的眼睛和嘴巴等设计成由穿着者在内部牵引的活动式。根据内容的需要，还可以安排一些冒烟、喷火或拟音效果。特别重要的是，必须用质优、量轻的骨架材料扎出造型，面料要求与实物逼肖，必要时表面要做模拟效果。色彩要求鲜艳明快，强调对比因素，达到醒目、耀眼的目的。

6. 职业服

职业服包括蓝领职业服、白领职业服、粉红领职业服和军警部队制服等。蓝领职业服是指在生产第一线的工作人员所穿的职业服，亦称作业服。其工种极其复杂，工作条件悬殊，动作范围各异。白领职业服是指在机关事业单位或非生产第一线的工作人员所穿的职业服，尤其指办公室人员所穿的职业服。由于办公室里的工作条件大同小异，其服装要求相对比较简单和统一。粉红领职业服是指在餐饮、娱乐等服务性行业中的工作人员所穿的职业服，其服装因行业差异较大而面目各异。军警部队制服是指在国家军事部门和司法部门等国家机关里的工作人员所穿的制服，这类服装的共同特点是庄严威武，职衔明确，象征国家威严。

职业服设计必须按照不同的工作性质、工作环境以及在工作中的身份分门别类地设计。由于工厂、公司、商场、学校、宾馆、空港、车站、机关等单位的具体情况不同，设计要求也相去甚远，即便同一个单位，也会因该单位的社会地位和分工情况而对各工作岗位的服装有相应要求。以星级宾馆为例，其工种可以分为迎宾员、行李员、总台服务员、清洁员、吧台服务员、领座员、餐桌服务员、调酒师、厨师、音响师、洗衣工、维修工等不下数十种，设计前要弄清委托方总的设计要求，并分析其合理性和可行性，去现场作实地察看，然后确定一个总的设计方案，逐一完成每个款式的设计。

蓝领职业服设计要求：造型较为宽松、干净利落，细节不需过分垂挂飘逸，以免发生因此而引起的工伤事故。功能第一是这类服装的指标。色彩以中灰色调为主，面料则根据工种的要求分别选择，如防火、防辐射、绝缘、耐油、耐酸等。

白领职业服设计要求：造型合体紧凑，庄重优雅，零部件造型细致合理。服装的品质要求较高，工艺较为精湛。色彩以沉着、明朗的色调为主，可搭配部分亮丽鲜艳的点缀色。面料以混合精纺织物或化纤织物为主。

粉红领职业服设计要求：造型青春活泼、短小轻松，适当运用装饰手段，局部细节较为花哨。色彩以强调对比效果的配色为主，粉彩色搭配黑白色较多，也可因环境色彩的变化而变化。面料以中档的混纺织物和化纤织物居多，在一些风格别致的环境里，如日式料理店、伊斯兰餐厅等，可选择和服图案或伊斯兰图案等与环境风格协调的面料。

军警制服设计要求：造型挺拔、威严、庄重，按不同的军警种类、军警职衔及做训、礼仪的要求分别设计，军警制服非常讲究系列化和严肃性，一般不会轻易更改。色彩以纯度中等的常用色居多，用黑白色作为搭配色，局部的镶拼色较为鲜艳。面料则因服而异，礼仪服享用精纺纯毛织物，厚实挺括，训练服多用具有坚固耐磨或其他特殊防护作用的化纤织物。

（三）不同季节分类的设计

1. 春秋装

春秋装可分两类，一类是初春或秋末穿着的服装，这一时节天气稍凉，衣料不能太薄，仍需注意保暖功能。另一类是春末或初秋时穿的服装，这一时间天气较热，服装上还保留着夏装的痕迹。由于各个国家和地区在同一时节的温差变化很大，春秋装的款式定性差异也很大，因此，实际设计时，应该以穿着地区的气候条件为参考依据。

一般来说，春秋装以套装、风衣、棉褛、夹克、编织衫等为主。造型、色彩、面料都有浓厚的流行特色，面料考究，做工精良。风衣、棉褛则注重舒适，形式较为活泼，风格多样。

2. 夏装

炎热的夏季对服装有较大的限制，由于高温的关系，夏装总是能薄则薄，能简则简，表现形式以轻松活泼、简洁爽快为主。

夏装总的要求是凉快透气，滑爽吸汗，不粘、不闷、不糙、不紧。设计时，首先要从造型角度符合上述要求，比如说减短长度、增加宽松量、开叉开气、领口下移等。然后从面料角度达到夏装要求，一般以高支棉织物、麻织物和真丝织物为主，也可选择性能优良的仿真化纤织物，色彩通常以淡雅清爽为主，条格印花兼顾。夏装最常见的品种是衬衣、裙子、短裤、裙裤、T 恤、背心、连衣裙等。

3. 冬装

在冬装的实用功能中，保暖性放在首位。这个问题可以通过造型设计和面料选择解决。领门提高、双排纽扣、衣长增加、双层结构、毛皮领袖、收紧腰带等，都是在造型上采取的增加保暖性的措施。厚型呢绒、中空纤维、绗缝织物、涂层织物、动物毛皮等面料的选用可以保证服装的保暖性，织物中含有静止空气越多，保暖性越强，因此，蓬松厚实的面料是冬装的首选面料。冬装的色彩以沉稳柔和的中低明度暖色调为宜。冬装最常见的品种有大衣、棉风衣、滑雪衫、厚呢套装、皮衣等。

（四）不同品质的分类设计

服装可以根据品质分为高、中、低三个档次，介于三者中间的是所谓中高档和中低档，每个档次的服装在造型、色彩、面料、辅料和工艺制作上均有各自特点。

1. 高档服装

高档服装是服装构成要素的高标准组合，其设计、材料、制作均是一流的。高档服装的特点是以质取胜，价格不菲。设计时注重造型的稳定感，一般不太受流行因素的影响，在形象的既定风格上进行有限的变化，局部设计非常精致，注重韵味感和成熟感，色彩运用也以传统的常用色为主，与流行色基本无缘。面料常选用质地精良的天然纤维织物，如羊绒薄花呢、真丝乔其纱等，也选用优质裘皮或革皮作面料。结构与规格均非常合理，目标明确。

2. 中档服装

中档服装设计、材料和制作的某一要素与高档服装相比会降低一些标准。出于满足普通消费者的考虑，较低的成本使喜欢经常改变服饰形象的普通消费者有更多的选择，流行因素在这类服装中能够大显身手。因此，中档服装的造型、色彩和面料可以流行因素信息为目标。

3. 低档服装

低档服装是服装构成要素的低标准组合，其设计、材料、制作都维系在较低的水平上。低档服装的特点是成本低，以适合低收入消费者的需要。因此，面料粗糙、制作省工就成了这类服装的毛病。在经济尚不发达的社会背景下，低档服装仍有相当大的市场。

第二节 化妆设计

所谓化妆，是指人们在日常活动中，以化妆品及艺术描绘的手法来美化自己，达到增强自信和尊重他人的目的。“化妆”一词本身就含有“装饰技术”的意思。人们可以通过化妆品的运用和描绘的技巧，把面部本身的优点加以发扬，而对自身的某些缺陷和不足给予弥补。日常生活中，人们化妆的根本目的是为了美化自己的容貌，美丽的容貌能让人们的工作、生活更加愉悦。通过化妆，可调整面部皮肤的色泽，改善皮肤的质感。如黑黄色皮肤可显得光洁白皙，苍白的皮肤可显得红润健康，粗糙的皮肤可显得细腻光滑。通过化妆，还可使面部五官更生动传神，如眼睛通过描画睫毛线和扫眼影等修饰，显得明亮而富有神韵，嘴唇通过涂口红显得红润而饱满，眉毛通过修饰显得整齐而生动。总之，通过化妆，可突出人们自身的个性，表现活泼、文静、庄重等内在的性格特征。

化妆是人们进行对外交往和社会活动的需要。人们常说自信的人才美，可见美本身就包含着自信的因素。化妆在为人们增添美感的同时，也为人们带来了自信。随着社会交往的日益频繁，化妆的这一作用显得越来越重要。在一些商务活动中，一个人的衣着打扮代表了所在公司或企业的形象，合体的衣着打扮与容貌修饰会给公司或企业带来更多的商机，同时给自己树立良好的形象和信心，反之，衣着不整、容貌不洁则会使对方对你所在的公司或企业失去信任，甚至会给企业带来不必要的损失。在日常生活中或逢喜庆佳节时，精心装扮而倍加自信的人们，会为生活和节日增添更多幸福愉快的气氛，所以适度的化妆能使人更加自信。完美无瑕的容貌不是每个女性都可以拥有的，通过后天的修饰来弥补先天的不足，使自己更漂亮，却是每个女性可以追求与渴望的，化妆便是实现这一愿望的重要手段之一。可以通过运用色彩的明暗和色调的对比关系造成人的视错觉，从而达到弥补不足的目的。例如，通过化妆，使小眼睛显得大而有神，使较塌的鼻子显得挺拔，使不够理想的面型得到改善等。当然，化妆并不是时时都适用的，对一些突出的缺陷往往是无法弥补的。

化妆是以化妆品的运用及艺术描绘手法来美化人的容貌，而这一美化是建立在原有容貌的基础之上的，其目的是既要保持原有容貌的特征，又要使容貌得到美化。在化妆中，必须充分发挥本身面容的优点，修饰和掩盖其不足之处，这是化妆的重要原则，这一点在化妆中要准确把握。这一原则要求化妆师仔细观察化妆对象的容貌条件，分析其优缺点，然后拟订出发挥优点、弥补缺点的方案。在此基础上，还要根据环境、服装等特定条件着手进行比较化妆，这样方能起到扬长避短的效果。化妆要求自然、真实。对于淡妆来说，自然、真实是容易理解的，但对于浓妆来说，这样的要求似乎难于理解。的确，浓妆要求有适度的夸张，但夸张是要有限度的，自然、真实的原则是要在夸张时把握一定的“度”。要把握好这个“度”，就要将本色美与修饰美有机地结合在一起，使本色美在修饰美的映衬下变得更为突出。大千世界“千人千面”，突出个性的原则就应做到“千面千妆”，也就是说每个人的容貌都不相同，而为每个人化的妆也应有所区别，这一区别所反映出的是人与人的个性差异，成功的化妆就是要因人而异地体现出个性的特征，个性特征既包括外部形态特征，也包括内在性格特征。化妆应注意整体的配合，一方面，妆面的设计在用色上应考虑化妆对象的自身条件与发型、服装相配合，使之具有整体的美感；另一方面，在造型化妆设计时还应考虑化妆对象的气质、性格、职业等内在的特征，以取得和谐统一的效果。

一、化妆的分类

根据人物表现的目的和展示空间，化妆可分为两大类，即生活化妆和艺术化妆。

（一）生活化妆

生活中的化妆主要是用来弥补自身容貌的不足，美化容颜，展现个性风采。生活化妆的主要类型有：生活美容妆、新娘妆、职业妆（包括：日常工作化妆和正式社交场合的礼仪化妆）。

（二）艺术化妆

艺术化妆主要以表演或展示为目的，塑造各种影视、舞台、展示会等各种特定场合中的人物造型和角色。艺术化妆主要类型包括：电影化妆、电视节目主持人化妆、舞台化妆、戏剧化妆、梦幻创意化妆、晚宴化妆、摄影化妆、种族化妆等。

二、分类设计

（一）生活化妆

设计生活化妆是人们现实生活中最普通的化妆装束，其化妆形式源于生活，且高于生活。生活化妆按照规律可分为职业妆、室外妆、社交妆等。

1. 职业妆

职业妆定位是用于职业女性室内工作的妆容。妆容特点应具有较强的包容性，能够与服装以及办公室气氛融为一体，色彩切忌过浓过艳。化妆要点在于妆容讲究、精细，既要适于对内外人士近距离的接触与交流，也要能够表达自己的品位。

色彩淡雅是办公室妆容的基本要求，你必须明确职业妆的目的是为了有益于工作，而不是让自己如同明星脱颖而出、光彩夺目。化妆手法应该洁净、自然、生动，走线精细，色泽淡雅。办公室通常有冷色和暖色两种光源，要考虑不同光源下妆容效果的差异，尝试着调整出最适应自己肤色和在特定的光源下适宜的妆容效果。

2. 室外妆

室外妆定位是用于室外自然光下的工作和休闲妆。化妆中扬长避短是这一妆容的基本要点。室外妆用于自然光线，特别是阳光下，容易让皮肤的优劣好坏暴露无遗。肤质好的人，妆容可本色一些，可更多地强调“天生丽质”；肤质差一些的人，妆容应相对重一些，更好地遮盖皮肤问题，比如用遮盖能力强一点的粉底等。

室外的职业妆应保持清新自然的基本要点，用于室外的社交妆和生活妆，可以根据场合在浓度上做相应的调整。色彩可以明快一些，与室外活跃的气息和行动的动感相适应，更多地表现职业能力和活力。由于室外的光线充足，化妆品最好选用具有防晒功能的复合性产品，化妆应同时兼有防晒功能。粉底的使用要注意尽量与肤色接近，不宜使用过亮或过暗的产品，避免妆面与肤色冲突，造成技术拙劣和让人难以接受的感觉。室外妆不易保持，稍不小心就会引起出汗，以致妆容脱落。应细心定妆并随身携带必需的化妆品，以及时补妆。

3. 社交妆

社交妆定位是用于社交场合的妆容，代表妆是晚妆，或称晚宴妆等。其化妆特点是强调轮廓感。晚妆是在完全没有自然散光的光线下的妆容，较容易表现轮廓感。化好晚妆，要学习修容化妆技术，也就是用色彩明暗关系勾勒的化妆方法，丰富轮廓感。化妆应该选定主题。晚宴面妆通常是在典型的暖色光下和气氛浓重的环境中使用的，通常有表现高贵、优雅、性感、冷艳等主题意义。不管塑造哪一个主题，是需要与相应的场合和你的服装和气质、风度相配合。晚妆的化妆重点是强调层次感，亮点是眼睛、口红和腮红。除了选择适宜的色泽之外，这些部位立体的层次非常重要，如口红，你可以有3个层次感，唇部外延色彩偏重，有较好和精细的轮廓感，唇部主体为主体唇色，中部可选择浅色或白色，也可选择富有光泽的唇彩或唇油，造成生动、丰富迷人的立体效果。在色彩方面，晚妆较多用紫色、玫瑰红色、银灰色、蓝色等突出主题的色彩，并较多用带有荧光的眼影或用于凸出部位的高光色，在晚间的灯光下与有光泽的服装相辉映，提高夺目的表现力。色彩是提高亮度的一个重要手段，通常晚妆着色较平日更浓重一点，当然切忌走向极端，过于浓艳的女人，容易被人看成是粗俗与最不受欢迎的女人。

（二）时尚模特化妆设计

对于不同类型时装的表演，为了能较好地体现出该种类型时装的风格和韵味，这就要求模特在各个方面都需要下一番功夫，特别是在化妆与发型方面更是要花多点时间和精力。在表演的过程当中，对于不同类型、不同风格的服装，模特不是只要化好了一个妆，就可以自始至终、一成不变地在 T 形台上进行表演；而是要有针对性地改变妆型和发型，特别是脸部、眼睛、头发、嘴巴等部位更要注意变化，这样才能恰到好处地把不同服装的风格表现得出神入化，将其神韵表露无遗。下面我们将分别介绍不同类型服装表演的模特化妆。

1. 职业服

在进行职业服的时装表演时，对模特的要求是，妆面要整洁清爽，端庄秀丽，要能表现出职业妇女那种自信、成熟、能干的精神面貌。为了达到这种要求，首先要注意的是粉底，表演这种类型的服装时就不宜涂得过厚，只用稍微有一点淡薄而有透明度的粉底就可以了。在施颊红时宜用淡淡的桃红色，轻轻地涂上一层，千万不要留下显眼的痕迹；对于眼影，则要用给人以稳重、成熟感觉的灰蓝色。眼尾加点眼线，而眉部用眉笔轻轻描出轮廓，不必着意去刻画。上口红时，先使用滋润的唇膏，再涂上桃红色的口红。

2. 休闲服

和这种类型服装相对应的模特的妆面，总体给人感觉要自然、朴实、大方。同样，粉底不宜太厚，最好使用一点能够使皮肤清爽而又具透明感的乳液型粉底；颊红宜用棕红色；口红宜用棕色唇膏轻轻描出其清晰的轮廓；对于眼影，要以棕色为基调，涂睫毛膏时注意要涂得自然些为好，上眼皮中间用深棕色眼线笔描画，下眼皮眼线用棉签蘸上眼影粉粗粗涂上。

3. 运动服

表演这种类型服装的模特，要以朴素大方、个性鲜明、健康活泼的形象出现在观众面前。粉底宜用极具透明度的浅棕色粉底，颊红用淡淡的浅桃红色；口红可以选择玫瑰色的；用棕色的眼影，自然地晕染眼部的周围。

4. 婚纱服

这种类型的服装在表演时，要求模特的化妆能够体现出新娘那种清新美丽、温柔大方、端庄娴熟的形象。所以对于妆型的要求相对于其他类型服装来说是比较严格的。在打粉底时，先涂上足够的润肤奶液，然后再使用较浅的肉色粉底。上完后再补上层透明度高的化妆粉，使人体的肌肤显得洁白无瑕、光彩照人；可以不画眼线，下眼皮宜用绿色描绘，再涂上蓝色睫毛油，但要注意眉形线条要柔和平滑；先涂上光泽唇膏，再敷上桃红色唇膏，然后用纸巾按压，除去表层口红，就可以得到一种自然之美。

5. 晚装

表演这种类型服装，模特的妆面要给人总的感觉是清淡、浪漫、端庄大方。上粉底时，宜涂一层淡淡的粉底，用粉红色胭脂薄薄地涂于双颊处；用紫色勾画唇形，再涂上玫瑰色唇膏；可以使用紫罗兰、天蓝或玫瑰色眼影，在眉弓处用白色眼影提亮，再画上细细的紫色眼线。

6. 前卫型服装

此妆面给人的感觉要能充分体现现代感，且要具有强烈的冲击力。宜用较浅的粉底霜来打粉底，应尽量避免腮红过浓或过深，有时可在脸部涂上明亮的凡士林，极具现代感；唇部宜用透明光亮膏涂于本色唇线之内；眼睛用黑眼线勾画出轮廓之后，先在眼影处涂上黑色，再换淡灰，以达到层次分明的效果。最后再涂上黑色加长纤维眼睫毛膏就大功告成了。

（三）舞台人物化妆设计

1. 戏曲舞台人物化妆

戏曲舞台剧中的人物化妆同日常的人物化妆有一定的区别，区别源自舞台剧的特殊性。下面将根据不同的情节进行分析说明。

（1）情节性

剧本是一剧之本，舞台剧是根据剧本排演的。导演根据剧本的主要构思，并以自己的艺术创造和集体智慧去丰富完善这个剧本所提供的信息。体现者是演员，作者的构思、导演的意图都必须通过演员的表演才能得以体现。而形象设计师就是要通过自己对剧本的理解，运用形象思维，充分发挥想象和联想，将文字通过图样展现出来。

但舞台人物并不是你将设计的图样贴在演员身上就可简单了事的。

（2）时间限制

剧本中的人物不一定是当代的，有可能是 20 世纪 30 年代或更早。这就需要设计师选择剧中人物所处时代最具代表性的形象，将其体现在角色身上，使观众在瞬间就能从剧中人物的外貌形象上触摸到时代的脉搏。人物的个性是在特殊历史背景、特定历史条件下产生的，所以形象设计师必须抓住时代感，这也是对整体人物形象塑造的一个烘托。把握好角色形成的典型年代，才能设计出典型的角色。

（3）空间限制

人们常说，环境造就人。生活在不同环境中的人，他们的个性及所显示出的外貌特征是有很大差异的。角色的典型性格、个性化的特点正是在特定生活环境中生成。比如《雷雨》中的鲁大海与周萍，虽然两人生活在同时代，甚至是同母异父的兄弟，可是因为他们生活环境的差异，形成完全不同的两个人物形象，前者鲁莽粗犷，后者外表温文尔雅却掩饰内心的虚伪。另外，如《水浒》中的鲁智深同林冲，两个都是同时代的人，且都武艺高强，而且还是好兄弟。但因生活背景的差异，形成完全不同的个性。林冲是禁军教头，父亲和岳父也都是军官，又有一个美满的家庭，所以形成温和、安于现状的性格特征。当生活环境的某个因素破坏后，作为军人的林冲，在被逼无奈的情况下，才走上投奔梁山的道路。而鲁智深无任何产业，母亲去世后，更加无牵挂，性情豪放、疾恶如仇。正是因为他们生活背景的差异，造成了他们迥然不同的性格。化妆设计必须把握住人物的这些个性，在外形上将这种差异充分表现出来，才能设计出具有鲜明性格特征的活生生的人物形象。

（4）人物性格典型化

在舞台剧中，剧本的主题、导演的意图必须通过演员的表演体现出来，传达给观众。人物化妆设计就是将演员本人塑造成剧中角色的形象，从外形上尽可能掩盖演员本人的特征，赋予他剧中角色的特征，尽量贴近角色。将剧本中所提示的时代背景、生存环境都融合在人物性格特征的塑造上，从外形上突出人物典型性。因为一个好的作品就是一个社会的缩影。文学作品中的人物多半是从普通生活中众多具有共性的人群中提炼出来的极具个性化的艺术形象，是典型化的人物。他们既具有独特的个性，又能反映社会的普遍性。他来自生活，更高于生活。这种“典型化”建立在共性的基础上，否则就会缺乏普遍性及社会意义，个性形象显得苍白无力，失去艺术价值。反之，毫无个性的形象没有代表性，缺乏艺术感染力。形象设计的人物就是将角色典型、鲜明的性格特征充分体现在演员身上，使演员从外形上先进入角色，使他们更加自信地走上舞台将角色的丰富内心世界完整表现出来，内外合一塑造出一个个有血有肉的典型形象，完成舞台剧的整体创作。

（5）距离感

舞台剧的演出区域同观众之间有一定的距离，将演员与观众隔开，后排观众离演出区域更加遥远。这不像宽银幕，再远的位置也能看清放大了很多倍的画面。舞台剧中坐在远处的观众可能会看不清演员的表情。舞台演出的这一特殊性，除了对演员的表演有很高的要求外，体现在人物造型上，也有着与生活或影视中所不同的要求。舞台造型要求人物形象鲜明、醒目，角色性格特征突出，化妆手法多样且较为夸张。舞台上的人物形象是生活中形象的再创造，在真实的基础上进一步精炼并作合理的夸张，将其艺术化，成为艺术的真实再现。这种距离要求我们在为演员进行化妆设计时不适宜设计过于烦琐的细节，抓住角色的性格特点，以此为中心，用简洁干脆的线条、单纯并不单一的色彩精炼刻画出生动的形象，将每一个不同的人物形象清楚明了地呈现在观众面前。尽量通过化妆设计使现场的每一位观众在任何一个角落都能通过角色的形象语言轻而易举地分清每一个人物。这也许不是剧本的要求和导演的最终意图，但却是每一个形象设计师应该做到的。

（6）灯光效果

舞台形象除了要考虑前面所列诸多因素外，还有一个重要的因素就是光。通过光的照射，物体对光产生吸收与反射现象，被物体反射出来的光刺激人的眼睛，经过视觉神经传递到大脑，形成对物体的色彩、形状的信息。化妆造型离不开色彩，色彩感觉离不开光。不同的光源，由于本身能量分布不同，会出现不同的色光，这种色光称之为光源色。如白炽灯光源偏黄，荧光灯光源偏蓝等。不同的光源会使色彩发生很大的变化。发色、妆色及服装在不同的光源条件下会演示不同的色彩。舞台照明属彩色灯光，它的演色性比其他光源的演色性更强。比如红色服装在绿光影响下显示黑褐色，在蓝光影响下显示暗紫蓝色；绿色服装在红光的照射下变成暗灰色，在黄光下变成鲜绿色。由此可见服装色彩在相同或相似的灯光照射下，比原色更鲜艳。在化妆设计时，应充分考虑这些影响。比如一部充满恐怖气氛的戏，为了渲染气氛，可能会多采用冷色调；在灯光的选择上也会多考虑冷色调的光，如蓝光、青光等；那么在化妆造型上，为突出人物的凶残恐怖，除了造型夸张外，在色彩的选择上也应偏重冷色调，同灯光配合，从视觉效果上进一步烘托气氛，起到事半功倍的作用。另外拍造型照，都应在灯光的配合下完成，日光属自然光源，同彩色灯光的演色性有很大差异。一个完整的舞台人物造型如在日光下拍摄，色彩会产生很大的偏差，造成错觉，影响实际造型效果，产生误会。舞台灯光对化妆造型的影响不是绝对的，但的确是不可忽视的因素之一。

2. 影视剧中的人物化妆设计

影视剧与舞台剧中的人物化妆设计在其设计目的上有其相似的地方。影视剧中的人物化妆设计也是由设计师同演员共同创造出符合一定要求的人物形象，并使观众认可，从而达到其审美价值，不论是戏剧还是影视中的人物化妆设计，目的都在于使演员通过外部形象的改造变成他们所扮演的角色。像美国影片《宝贝儿》中的反串，化妆设计在外貌的塑造上，为演员刻画人物提供了可信度。这是戏剧影视剧中形象设计的基本功能。但是，戏剧同影视毕竟是不同门类的艺术。就人物化妆设计而言，由于影视艺术中画面设计及拍摄过程中的特殊性，使得二者存在一定的差别。

影视剧可以在较为广阔的范围内尽量选择从外貌到内在气质同角色十分接近的演员，而不像戏剧，由于选择演员的局限性，有时必须用浓妆掩盖演员的本来面目，塑造出完全不同的形象，从外形上达到剧本中角色的要求。在影视剧中，为了让观众感觉银幕上是真实的人在活动，导演基本上以人物为准去选择演员，而且这些演员并非都是职业演员。一些非职业演员的加盟，也往往会使影片大获成功。比如为大家所熟知的影片《一个都不能少》里的女主角，就是由一个与剧中角色、生活环境极为相似的农村姑娘扮演的，在导演的引导下，演得如此自然、真切、生动感人，获得了成功。在这种情况下，就要求化妆设计从自然、本色出发，对演员精心自然地修饰，在外形创造上“不露痕迹”地达到角色的要求。影视剧中人物化妆设计同样是一种艺术创作，决不能误解成简单的生活化妆。

3. 电视节目主持人的化妆设计

电视节目主持人是“公众形象”，他们的一举一动，一颦一笑都会引起人们的注意，其穿着有直接的引导作用。电视节目主持人的形象美应该是内在与表相完美结合。仅靠外貌吸引观众，是维持不了多久的，加强内在修养，用丰富的内涵、广博的学识来增添自己的个人魅力，才能在观众心目中留下长久而又美好的印象。基于此，电视节目主持人的化妆设计不仅仅是要创造出一个美丽动人的外在形象，更重要的是必须结合主持人本身的气质风度、个性特征、学识修养，利用外部形象的塑造使其更充分地层现出来，才是一个完美的化妆设计。

电视节目主持人的化妆设计同影视化妆设计一样也要受到诸多限制。电视节目主持人是电视节目的标志和灵魂，可同时他也离不开电视节目。节目的类型制约主持人的形象。节目主持人是节目的代言人，他的一言一行必须符合节目的要求。比如，新闻节目的严肃性，要求主持人稳重、端庄；少儿节目生动活泼，要求主持人像孩子们的大哥哥大姐姐一样同他们打成一片，亲切、可爱；文艺节目轻松热烈，要求主持人灵活机敏，具有一定煽动性。电视节目主持人必须根据节目的内容、风格、形式等努力使自己的形象符合节目的要求。但是，节目主持人不是木偶，更不是节目的傀儡，他们自身的魅力能为节目本身增添光彩。电视节目主持人是电视节目的标志，是节目风格的代表，他的一举一动都直接影响到节目的成败。主持人一亮相，首先跃入眼帘的就是其外在形象。化妆设计师的任务就是让主持人登场就显示出明星风采，像磁铁一样吸引住观众，让观众在看节目前就首先对主持人，即“栏目的代表”留下一个很深的印象，产生强烈的明星效应，显示出节目主持人在节目中的主导作用。节目主持人的形象应在同节目的风格相协调的基础上，展现自己的个人风采，即个性美。美是千姿百态的，不可能固定在统一的模式上。外在形象也是内在气质的体现。外在形象要通过内在素质充实，而内在修养也要通过外在形象表现出来。化妆设计是将形象美和个性美二者统一的结果，电视节目主持人在长期实践过程中，形成了自己独特的风格，这正是他成功的关键。例如：“实话实说”的主持人崔水元，形成自己轻松、幽默、充满智慧的主持风格。他说活的表达方式，正同其主持风格相映成趣。任何试图改变的措施，都可能会使其面部表情变得毫无特色。因此，化妆设计并不是简单地美化而已，而是要将主持人的内在美展现出来，体现出每个人与众不同的个性特征。

由于主持人的公众形象特点，化妆设计不能将过时的妆容用在主持人身上。选择最能体现节目主持人风格的妆型，是一个化妆设计师应具有的素质。就单项化妆来说，主持少儿节目，浓妆艳抹就很不得体，化妆应强调清新、自然，要有青春、活泼的感觉；主持新闻节目，妆面要求不温不火，浓淡适宜，塑造出庄重、大方的形象；主持文艺晚会，淡妆显然不能符合晚会的要求；而生活中的采访，切忌浓妆艳抹，拉远了与观众的距离……另外，电视节目主持人的化妆在特定场合下也具有一定的象征意义，如中国传统节日——春节，要求主持人应突出传统节目的喜庆气氛，以红色示隆重。

（四）京剧脸谱设计

一看到涂红画绿的脸谱，你一定会想到戏曲；或者一提到戏曲，你一定会想象到舞台上勾画五彩脸谱、身着各色戏衣的人物形象。脸谱是中国戏曲艺术的重要组成部分，也是戏曲艺术的重要特征之一，中国戏曲是一门综合性很强的舞台艺术，它融会了文学、音乐、舞蹈、武术、杂技、美术等多种因素。从舞台上呈现给观众的视觉形象来看，除了处于戏曲核心地位的表演方面，舞台上的人物造型和景物造型就是人们眼中最为直接而重要的了。在传统戏曲中，人物造型方面更是应该重视和突出的重点。人物造型包括头、面部化妆和服装两大部分。脸谱是属于面部化妆范畴的，在戏曲人物造型中占有极为重要的地位。

中国戏曲中人物是按角色、行当分类的，有“生、旦、净、丑”和“生、旦、净、末、丑”两种分行方法，近代以来，由于不少剧种的“末”行已逐渐归入“生”行，通常把“生、旦、净、丑”作为行当的四种基本类型。每个基本类型各有其基本固定的扮演人物和表演特色。其中，“旦”是女角色的统称；“生”“净”两行是男角色；“丑”行中除有时兼扮丑旦和老旦外，大都是男角色。一般来说，“生”“旦”的化妆，是略施脂粉以达到美化的效果，这种化妆称为“俊扮”，也叫“素面”或“洁面”。其特征是“千人一面”，意思是说所有“生”行角色的面部化妆都大体一样，无论多少人物，从面部化妆看都是一张脸；“旦”行角色的面部化妆，也是无论多少人物，面部化妆都差不多。“生”“旦”人物个性主要靠表演及服装等方面表现。

脸谱化妆，是用于“净”“丑”行当的各种人物，以夸张强烈的色彩和变幻无穷的线条来改变演员的本来面目，与“素面”的“生”“旦”化妆形成对比。“净”“丑”角色的勾脸是因人设谱，一人一谱，尽管它由程式化的各种谱式组成，但却是一种性格妆，直接表现人物个性，有多少“净”“丑”角色，就有多少谱样，不相雷同。因此，脸谱化妆的特征是“千变万化”的。

“净”，俗称花脸。以各种色彩勾勒的图案化的脸谱化妆为突出标志，表现的是在性格气质上粗犷、奇伟、豪迈的人物。这类人物在表演上要音色宽阔洪亮，演唱粗壮浑厚，动作造型线条粗而顿挫鲜明，“色块”大，大开大合，气度恢宏。如关羽、张飞、曹操、包拯、廉颇等即是净扮。净行人物按身份、性格及其艺术、技术特点的不同，大体上又可分为正净（俗称大花险）、副净（俗称二花脸）、武净（俗称武二花）。副净中又有架子花脸和二花脸。丑的俗称是小花脸或三花脸。

正净（大花脸），以唱工为主。京剧中又称铜锤花脸或黑头花脸，扮演的人物有《将相和》的廉颇、《铡美案》的包拯等，大多是朝廷重臣，因而以气度恢宏取胜是其造型上的特点。

副净（也可通称二花脸），又可分架子花脸和二花脸。架子花脸，以做工为主，重身段动作，多扮演豪爽勇猛的正面人物，如鲁智深、张飞、李逵等。也有扮反面人物的，如京剧中抹白脸的曹操等一类，也由架子花脸扮演。在其他剧种里大多不称架子花脸，有的剧种叫草鞋花脸，如川剧、湘剧等。二花脸也是架子花脸的一种，戏比较少，表演上有时近似丑，如《法门寺》中的刘彪等。

武净（武二花），分重把子工架和重跌扑摔打两类。重把子工架一类扮演的人物如《金沙滩》的杨七郎、《四平山》的李元霸等。重跌扑摔打一类，又叫摔打花脸。如《挑滑车》中牛皋为架子花脸，金兀术为武花脸，金兀术的部将黑风利为摔打花脸。

“丑”（小花脸或三花脸），是喜剧角色，在鼻梁眼窝间勾画脸谱，多扮演滑稽调笑式的人物。在表演上一般不重唱工，以念白的口齿清晰流利为主。可分文丑和武丑两大类。

戏曲中人物行当的分类，在各剧种中不太一样，以上分类主要是以京剧的分类为参照的，因为京剧融汇了许多剧种的精粹，代表了大多数剧种的普遍规律，但这也只能是大体上的分类。具体到各个剧种中，名目和分法要更为复杂。

戏曲中的角色行当最初是用于表现人物的社会地位、身份和职业，后来逐渐扩展到表现人物的品德、性格、气质等方面。角色行当具有类型化特征，而且对角色的区分带有明显的善恶、褒贬的道德评价在里面，如公正忠孝者为端庄的正貌，奸邪可恶者刻画成丑形。面部化妆和服装是区分人物角色的可视的直接表征，如果说服装主要是表现人物的身份、地位、职业，那么面部化妆，尤其是脸谱化妆更多表现的是人物的性格、气质、品德、情绪、心理等方面。通过脸谱对人物的善恶、褒贬的评价是直接的，一目了然的。如曹操勾白脸表示奸诈，关羽勾红脸表示忠义等。脸谱具有相对独立的欣赏价值和审美意义，但从根本上说，它始终是戏曲表演艺术中的有机组成部分，因此，脸谱的艺术表现力和审美特性的认识，只有在观看戏曲演出过程中，结合服装和表演才能充分理解、认识。脸谱与服装的配合构成了舞台上净、丑角人物的外观，再配合唱、念、做、打的表演就形成了舞台上光彩照人的艺术形象，唤起观众的心理共鸣。眼睛、面部是情绪、心理的窗户，因此脸谱是观众的视觉中心，脸谱对唤起观众审美心理的美感起着不可忽视的重要作用。五颜六色，变幻无穷，内涵丰富，就连许多西方艺术大师都觉得中国戏曲脸谱“奇妙极了”。

（五）人体彩绘设计

20 世纪是人类生活发生巨大变化的一百年，时尚文化特色各异，使人回味无穷。人体彩绘一经出现就迅速成为时尚的新宠。不仅在时尚发布会上能见到它靓丽的身影，也能在商家的产品促销会上寻觅到它喧闹的喝彩声。

人体彩绘的产生，最初是原始人用鲸墨在身上画出的图腾，用来作为部族的标志和护身的法宝。如鱼形的图案是鱼氏族的标志，鹳鸟纹的图案是鹳氏族的象征等。人们通过辨识身上的图案，就能正确地判断孰为敌，孰为友，从而保护自己的部落利益不受侵犯。由此可见，人体彩绘从它诞生的那一日起，就具有了多重的功能，并不是单纯地为了“美”而产生的。中国的人体彩绘历史源远流长，逐渐形成了至今流行不衰的人体彩绘的艺术形式。在中国传统文化中可以考虑的人体彩绘就有京剧的脸谱等。现代意义下的人体彩绘充满了悬惑与另类感，没有种族的界限，也没有年龄的区分。体绘的图案更是因人而异的。人体彩绘并不只是创作技术，而是一种美学观念和态度，如果单纯把人体当画布、画板来创作的话，那人体彩绘就会失去它原有的意义。真正的人体彩绘，必须根据人体的曲线、身体的肢体语言，去表达作品的内容。图案是人类审美情趣和文化素养的体现，人体彩绘也不例外。虽然有商业、戏剧、宗教、艺术、趣味、婚纱和写真等区别，同时也有局部、面部、半身及全身等归类，但不管是哪一种，人体彩绘都是绘画师与模特之间的双向创作。

例如：人体彩绘师会根据模特人体的凹凸起伏，适当地安排皱褶和衣纹走向，然后再安排衣服上的花纹，使所描绘的图案与形状具有三维的效果。此外，人体彩绘师还应根据模特的肤质确定所采用的色彩。所以，全身的体绘是一项再创造的工程，体绘师要同时具有艺术家和服装设计师的素质。有人把人体彩绘比做是皮肤上的舞蹈，是因为它给人们带来了强烈的视觉冲击。透过一幅幅层次分明、立体感强、表现力丰富的体绘画面，我们能捕捉到人体彩绘师和时尚的相依相偎。事实上，人体彩绘对人的思想观念、美学价值、道德评判的冲击是全方位的。人们对人体彩绘的认识已逐渐走向理性和成熟。

1. 人体彩绘的基本步骤

（1）在进行体绘前，可在皮肤上涂上一些保护剂如氧化锌膏、鱼肝油膏等以减少油彩对皮肤的刺激；

（2）选定创作主题并根据主题画设计图；

（3）根据设计图的样稿在模特身上加以实施；

（4）皮肤在彩绘后应尽量避免日晒，尤其是面部、上肢等暴露部位的皮肤更要注意保护。外出时，应尽量避免紫外线的辐射。有些食物和药物，如鱼、虾、蟹、芹菜、野菜、香菜及磺胺药物等吃后会增加光敏性，要尽量少吃。彩绘后的皮肤切忌用热水洗和香皂揉搓。

2. 人体彩绘的基本方法

（1）晕染法

用颜色在人体上晕染使其相互交错或融合，是人体彩绘化妆的一种重要的表现手法。通常需要借助较宽的笔或化妆海绵使其产生扩散效果。选用的化妆粉底不同，晕染法也有所不同。油质底色多用于面部，表现力强，但不宜用于人体，由于油质颜料较油腻不易干燥，常会把彩绘的人体弄脏。可溶性水粉底色则很适于人体的化妆，优点是快干，洗涤容易，表现力也不错。值得注意的是，水粉底应用水溶性颜料描绘，否则就无法晕染。

（2）线条法

通过线条的色彩、形态、组合、走向等来表达主题。线条法通常与晕染法相结合，形成晕染之虚与线条之实的有机结合，互相衬托，呈现丰富的感染力。

3. 灯光对彩绘化妆色彩的影响

在人体彩绘化妆的展示场景中，灯光的强弱及色彩的运用，对舞台上的彩绘妆造型起着非常重要的作用。色彩的三原色是品红、蓝、黄；而光的三原色是红、绿、蓝。色彩原色的色素和灯光原色的色素之间是有区别的。多种色光重叠所产生的光色和同样多的色彩相调和所产生的颜色是不一样的，因此在舞台上的展示效果如何，也要靠灯光与化妆的色彩相互配合。如果化妆方面展示的是红色系列色彩，再打上红光，就会使化妆的红色被“弱化”，黄色在紫光下会产生粉红的效果……有时为加强舞台上黄色调光的效果，在化妆上可偏红些，以达到自然真实的效果。要注意同一种化妆色彩，在不同灯光的照射下会产生各不相同的气氛和效果，因此，我们要特别注意灯光与色彩的关系，只有让灯光与化妆色彩密切配合，并懂得用灯光色调对化妆主体色调控制，才能使彩绘化妆充满魅力，美不胜收。化妆中的黑色、灰色和棕色，在各色灯光下，除了在色调上有细微的变化外，基本上保持不变。

第三节 发型设计

发型设计是表现人体形象美的另一个组成部分，是指建立在一系列基础学科以及其他边缘学科基础之上的关于手提发束角度与剪切角度同纹理、层次以及色彩关系的研究与实践。发型设计包括许多造型艺术中创造艺术形象的手法和手段，如借助于纹理、层次、色彩、明暗、线条、解剖和透视、体积和结构等手法和手段。长期以来，人们将这些手法和手段，通过艺术实践，形成了这些造型艺术各自独具特色的艺术语言。

发型设计是形象设计的组成部分。发型不能孤立存在，它的变化与整体形象的造型、色彩以及表现风格息息相关，并且起着极其重要的作用。

发型有多种多样，随着时代潮流的变化而不断更新。我国各个历史时代都有其独特的发式，各个民族的发式也不相同。汉朝男子有盘发、束发，女子有高髻、单鬟、双鬟、三鬟等；晋朝演变为偏鬟、圆鬟；唐代以后对发型更为讲究。在历代史书、古物、古画上均有关于发型的记载。各种发型的款式，和一定的历史条件是分不开的。发型具有时代感，反映出时代的精神面貌。

一、发型的实用性与审美性

发型具有实用性、装饰性、审美性、趣味性和象征性等表现因素。它具有审美属性，发型设计要按照实用艺术规律进行创作，它既是实际应用的组成部分，也是艺术创造的结晶。

现代发型艺术，已进入全新的审美阶段，它不仅仅是人体仪容的装饰，还常常展示着人类的内心活动，表现人物人性及精神世界。发型变化从某种意义上讲，没有固定的模式，现代设计师们借助发型变化可以将人物塑造出崭新的形象，也可以将发型变化发挥得淋漓尽致。各种全新的、与众不同的发型，标新立异的色彩变幻，既说明发型与艺术的融合，也展示出现代人们对于自由、个性的向往。

发型的实用性即是它的功能价值，审美性则是观赏价值。人们选择发型时，一定会根据自身的形象、身份、职业、年龄以及所处环境作为先决条件，要考虑到适合生活、工作的实际需要，这就形成了发型的实用功能。而实用功能是需要审美性来实现的，优美、适宜的发型不仅使人们自我心态良好，更成为众人的审美对象，传递美感给周围的人，审美性本身就具有社会功能。缺少审美性的发型形象，势必也降低了其社会实用性。比如：一位求职女性，大方、得体的发型配合文雅的形象装束，可以给对方留下初步的良好印象；一位摇滚歌手，在演出时穿着前卫、独特的装束，配合奔放、随意的发型，给人以激情和活力，这是实用性与审美性完美地结合，如果将两种形象与场合、目的对换，就会破坏这种和谐，更谈不上实用与审美了。

二、发型设计基本原理

（一）设计中的变化

发型设计中的变化是指发型设计各因素之间的差异、矛盾，具体指头发的各部位造型排列及色彩的变化，如形状的大小、圆顺；线条长短、曲折韵律；头发色彩的明暗、浓淡、冷暖关系和不同发量的高低、正反等。变化的实质是为了使发型的内在构成上产生丰富对比，从而使造型生动活泼、丰富多彩。变化的因素归纳起来有：形的变化（大与小，长与短，粗与细）、色的变化（浓与淡，冷与暖，明与暗）、质的排列变化（高与低，正与反，疏与密）等多种形式。

（二）设计中的统一

发型设计中的统一是与变化相反的概念，是指各个发量之间的一致性。一致性是保证发型完整造型的关键，在处理手法上是将发量、形状与发型的色彩进行统一调和，如大圆和小圆、正圆和椭圆、正线和折线、波线和涡线等使形和形相似。色彩的处理也是如此，同色系与对比色系调和，明度与纯度色的统一等。变化与统一是发型设计中相互对立又相互依存的两个因素，是缺一不可的部分。

三、点、线、面在发型设计中的表现形式

（一）点

点是发型设计空间构成语言的基本要素，点的大小、形状、数量、位置等因排列组合给人以不同的视觉效果。纯概念意义上的点是线的界点与交叉。只有位置，没有面积，不存在大小和形状。发型设计中的点的理想形态是小体积的圆球，广义上的点是除圆球以外的任何不规则的小发量的形态都可称为点。

（二）线

线是点的连接，是发型设计语言的另一要素，线有曲直粗细之分。直线在排列上可有垂直线、水平线与斜线等形式，垂直线的性格特征是严肃、端庄，控制头发的上下，有移动感；水平线有平衡方向感，控制头发的左右，有冷峻感；斜线有一定的倾斜度，给人以不稳定的动感。曲线在形状上又可细分为圆弧形、波纹形、螺旋形。圆弧线：线条柔和自然，动感不强，给人以亲切柔和之感。波纹线：曲线中最常见的有规律变化和自由发展的线，它平衡而流畅。螺旋线：很有节奏感，动感强，做出的发型有“朝天”之势。

（三）面

面是线的组合，是点的移动和扩大，面有平面和曲面之分。平面给人以形状稳定感，曲面的情况则较为复杂。发型设计师在进行发型设计时，要有多方面的综合把握能力，

不仅要有美学的一些修养，而且需要广博的文化素养，如文学功底、对人文历史的通达和对艺术语言的解释能力等。

四、发型设计与头部结构特征的关系

当我们准备做一个发型时，必须分析设计对象的外在条件如身材、脸型、面部结构、五官比例以及化妆、着装和情感等，以便迅速确定设计思路。当你的设计对象坐下来时，你要和她进行充分而又深入地沟通和交流。通过交流来弄清楚设计对象的需求和其生活工作环境，她需要一个什么样的发型？她的生活环境和工作环境是怎样的？然后根据设计对象自身的现有条件向她阐述你的设计思路和建议。

（一）发型设计与脸型的关系

人的脸型基本上分为：长形、方形、圆形、三角形、梨形和卵形等几个基本型。不同的脸型结合不同的发型会给予人物形象美的感受，下面我们将分类进行分析。

1. 圆形脸：最宽的部位是脸的中心部分，圆脸通常带有一些柔软的曲线。我们在进行发型设计时，就是要把圆脸的外轮廓线打破，在脸部的最宽处创造一个不对称的视觉形象，掩盖圆脸的结构。

2. 方形脸：这样的脸型在外观上是方的，看起来结构很硬，缺少妩媚感，主要表现在额骨和下颏骨向外凸出。这时我们的发型设计思路是尽量造出一个发量来遮盖住脸的两侧，以求产生一种窄的视觉效果。

3. 三角形脸：该类脸型的特征是脸的最宽处在前额处，下巴处往里收缩，宽度上最窄。这时我们做发型设计是通过加工下巴处的头发量以使其视觉上变宽，同时加一个发量遮盖前额两边，以缩小其宽度。

4. 梨形脸：梨形脸的基本特点是其最宽处在腭骨线，它与方型脸相似，但特征更加明显和突出。面对这样的脸型，我们的发型设计是尽量在脸部周围塑造一个卵形效果，以求得一个卵形的视觉形象。同时脖子处的头发留有一个足够的长度，以减弱其颌骨线。

（二）发型设计与面部比例结构的关系

发型设计不仅仅与设计对象的脸型相和谐，还要同其面部结构相协调。人的面部结构因人的种族、性别、年龄的个体存在着很大差异，形成了生活中不同的面部结构特征，如高前额、低前额、倾斜前额；两只眼睛距离远或近；小鼻子、大鼻子；大、小耳朵、招风耳；小嘴、大嘴；小而突出的下巴、长下巴；等等。

在进行发型设计时，设计对象的不同面部结构是创作的依据，应该最大限度地削弱其缺陷之处，突出设计对象的优点特征。其方法如下：

高前额：全部或部分地用刘海遮掩掉。

低前额：顶部的发量应少一些或者采用轻微的有动感的刘海。

倾斜的前额：增加刘海厚度，头发应该向前梳理，以充实前面的发量，使其丰满，以求平衡。

间距大的眼睛：侧面的头发应遮住脸的边缘线，使其比例失去参照而平衡起来。

小而尖的下巴：头顶及侧面发型应低一些，侧面的发型应该接近脸，或长于下巴，以使下巴看起来宽一些。

小鼻子：在发型设计时，整个发型应该适当地小一些，不至于因为发型太大而使鼻子看起来太小。

大鼻子：在发型设计时，可以加一个刘海的发量，与鼻子在形上有一个均衡。

招风耳：设计发型时，加一个量使其遮住耳朵。

小嘴：发型的外轮廓应该由小到适中，以免因发型的体量过大而使嘴显得更小。

五、发型设计与设计对象身体比例结构的关系

身体比例是指人体各部位之间存在的一种和谐的体量配置关系。通常说来，设计对象的比例同其种族、性别、年龄及个体不同，存在着很大的差异，形成了现实生活中高矮胖瘦等不同的比例特征。因为发型设计对人的整体形象造型来说是局部与整体的关系，它对整个形象设计具有很强的从属性，因此，在进行发型设计创意时，必须同时考虑到这一因素，扬长避短，隐藏或掩盖其身体比例的缺陷之处，使设计对象的美感特征更加突出。下面是几种不同的体形与发型搭配方案。

长脖子：发型设计时头发长度上适当的长一些，头后部位的设计线应该是宽一些。

窄肩膀：在发型设计时长度适中，后设计线应该加宽些，保持侧面的长度。

长胳膊：头发的长度由适中到长发。

小胸围：小一些的发型轮廓，长度由短到中。

大臀部：发型轮廓由中到丰满。

小身体结构：发型轮廓由小到适中。

大身体结构：发型轮廓由中到丰满。

高个子：长度由中到长。

六、发型的分类与表现风格

发型的变化没有固定的模式。从整体来说可以分为直发和曲发两大部分。在直发与曲发之中均根据头发长度划分出长发型、中发型、短发型及超短发型。不同长度的发型，运用不同的造型、修剪手段，展示出形形色色的效果。

（一）长发型

长发型的特点是修长、飘逸、表现力强。

1. 直发

垂直的长线条具有端庄、流畅的感觉，显示在直长发型上更能体现女性的柔顺感。这类发型底部可以修剪整齐呈水平线状，也可以修剪出参差层次感，比较适用于表现理性的、文雅的典雅风格形象。长方脸形的女士不宜选用。

2. 波浪卷发

曲线是动感极强的线条。波浪形的长发表现为有规律的曲线，长距离的曲线形成发型的韵律感、节奏感。这种发型给人以柔和的、优美的感觉，与细高身材的女性配合效果最佳，胖体型者忌用。较适宜表现柔美的、轻快的、罗曼蒂克风格的形象。

3. 自然卷发

这类发型的特点是需要将长发修剪出较高的参差层次，然后烫发，再修剪，最后梳理成随意的长卷发造型，披于背后。由于头发较长，曲线变化自由，无拘束感，仿佛天然卷发的感觉，效果自然、蓬松、浪漫、富有活力。头发密集的发型效果更佳。适用于表现罗曼蒂克风格或民俗、民间风格的形象。矮胖体型者慎用。

4. 螺旋卷发

将长发修剪成单一层次，采用螺旋杠卷烫发，形成立体的螺旋状卷曲长发。发型蓬起，在整体形象中，富于表现力，具有很强的动感效果。体型偏矮者不宜采用。这种发型活泼，个性张扬，比较适于活泼随意型风格的形象。

5. 盘发

盘发是长发型的一种表现形式。根据不同的服饰，不同的脸形盘出不同的造型。通常分为高髻和低髻，前者高雅、大方，后者妩媚、柔和，适用于典雅风格和民俗、民间风格的形象。

6. 蜂窝发型

女士盘发之一。长发向后上蓬松梳起，缠卷成蜂窝状。始于 20 世纪 50 年代末期的伦敦，60 年代中期形成风潮，风格典雅，适宜与晚妆相配。长脸形的女子不宜选用。

7. 编发

将头发编成数十根或数百根三股细辫，末端可以穿饰五彩珠，源自黑人女子发型。1980 年，由于上演电影《根》而兴起，至今仍然受到个性人士的欢迎，男、女均可选用。此种发型用于脸形结构清晰的人效果最佳，对于圆胖脸型的人应该慎重选择。

8. 束发

束发是长发型常用的手法。一般以束发位置的不同来区分造型，有高束发、低束发、单束发、双束发，还有侧束发，近年来头顶部束发很受年轻女子的青睐，表现风格活泼、清爽，富于个性，应用范围广泛。不同位置的束发表现风格有很大差异，如低束发文静，高束发活泼，双束发纯真，侧束发俏丽、可爱，顶部束发则显示出个性与时尚。

（二）中发型

中发型既有一定的飘逸、潇洒之感，又有轻快、便利的特点，颇受中、青年女子喜爱。

1. 直发

发型特点简练、流畅，便于梳理。发丝柔软垂下，帖服于头部，一种风格的表现是发底部修剪为水平线，发前有发帘装饰，显得文静、乖巧；另一种风格的表现是将头发修剪出较高的参差层次，底部薄而虚，后部呈 V 形参差层次，发型前部有碎发装饰，显示出俏丽、随意的效果。此类发型可以适宜多种类型的女子，适合典雅风格的形象展示。

2. 波浪卷发

中发型波浪卷发与长发有所不同，由于波浪距离稍短，曲线清晰而有规律，给人以成熟的魅力。如果采用中路分发线，效果更加清爽、雅致。可适用于典雅风格形象和罗曼蒂克风格的形象设计。

3. 自然卷发

中发型的自然卷发，由于发丝长度变短，只垂至肩部，其风格也有所改变，显示出温和的淑女风范。这种发型适应性较强，能够适用多种类型的人，但是，要注意头部偏大者避免采用，因为蓬松的卷发会使头部显得更有夸张的感觉。

4. 外翻卷发

发型修剪出层次，上部为直发，下部经过烫发、做型，发梢上翘，衬托出脸形，给人以活泼、妩媚的感觉。中、青年女子均可选用。分发的不同会产生效果差别，中路分发线显得文雅、端庄，侧路分发线则展示自然、随意的风格，前者发型可以应用于典型风格形象，后者发型适用于活泼随意风格形象。

5. 编穗曲发

发型修剪成参差层次，将发丝编成细小的辫子，然后烫发形成的发型，发型曲线小且有棱角，发丝微挺，整体发型蓬起，显得自由且富有个性，适宜中、青年妇女。近年来，男子也有选择此发型者。常用于表现活泼随意风格或民俗、民间风格的形象设计。

6. 洋葱发式

起始于 20 世纪 70 年代，开始为青年女性喜爱的发型，后为多种不同年龄的女士所选择。发型的上部修剪出层次，依头形向后梳理，至颈肩部发梢展开，因此发型形似洋葱头而闻名。发型效果妩媚、活跃，适用于活泼风格的形象。

（三）短发型

短发的实用性比较强，适用范围广泛，多数类型的人以及多种环境中均可使用，是生活中比较受欢迎的发型。

1. 女童发

童发并不限定儿童使用，少女以及少数中年女子也会选择这类发型，前面发丝向前梳理，发丝较密，发帘修剪为水平线，发型后底部同样修剪为水平线，两侧连接处要自然，发型长度齐肩，发梢处偏薄，不可留有虚边。表现效果可爱、质朴，适用于活泼随意风格的形象。

2. 扣边直发

这类发型的特点是将发型后部和侧部修剪成内短外长的层次，底线呈平直型，发底部向内自然扣边，两侧发梢略呈钩状，整体发型造型精致、蓬松，线条流畅，具有动感，适宜中、青年女子的典雅风格形象。

3. 蘑菇直发

发型下部具有层次差异，形成上、下两部分，上部发量多，修剪为低层次，呈圆蘑型，下部发少，修剪为参差层次，前部发帘下垂，发量较多，也呈圆弧形状态，前后呼应。这类发型特别具有一种俏丽、活泼的感觉，适宜中、青年女子活泼风格的形象。

4. 编穗曲发

发型特点是发丝曲线呈小弯状较高的参差层次，由于发短，整体发型蓬松、耸起，发梢有绒毛感，给人以自由的、无拘无束的感觉。漂染上适当的色彩，效果更具个性。适用于年轻女子的活泼型装束。

5. 黑人式卷发

短发型的一种，源自 20 世纪 60 年代美国黑人发型。将头发烫成细密的小卷，向上梳起剪成球状，风格富有特色，别有情趣。宜漂染色彩组合，适宜于表现男、女个性人物形象。

（四）超短发型

超短发型的表现力比较强，富于个性，更适宜展示发型的漂染色彩，用途广泛。

1. 男童发型

名称虽然如此，但是，其主要对象为许多成年男子和中、青年女性，前额处修剪成较短的参差发帘，上部发型为低层次，发型底部也修剪为参差层次，整体发型边缘短而虚，后部呈 V 形。表现效果年轻，富于活力。发型表面呈绒毛式，加上色彩变化，效果更佳。适用于活泼、随意风格的形象。

2. 王后发式

王后发式起源于 18 世纪末法国的一种短发式样。1785 年，法国王后安唐尼特产后脱发，为了掩饰自己的缺陷创造了著名的短发式样，故以此得名。发型短而微曲，紧贴伏于头部，显示出头部、面部的清晰结构，清爽、俏丽。适用于头部结构端正，大小适中的女性形象。

3. 寸发

寸发本是男子发型，近年来却颇受部分年轻女子青睐。寸发的造型十分讲究，方中见圆，圆中有方，发丝直立，极具个性。寸发还特别适宜染色，表现力丰富。深受不少男士欢迎，年轻女子选择此种发型也别有一番妩媚，适用于表现活泼风格的装束。

4. 少年发型

由英国女演员 Beatric Lile 在 1925 年兴起的一种女士发型，其特点是剪成像男孩子一样的超短发型，紧贴在头部。风格简洁、潇洒，使人显得年轻，加上色彩表现，效果更佳。至今仍很受女士们的喜爱。脸部圆胖者不宜采用。

5. 朋克发型

源自非洲土著发型，兴起于英国伦敦。两鬓发型剪至发根，顶部头发留得较长，向上蓬起，前额中心有一些零散发帘，漂染各种色调组合，色调鲜艳，形成一种夸张的表现风格。

6. 男子分发型

男子分发根据不同的脸型，采取不同比例的分发线路，有五五分发线，也称为中缝，造型严谨，个性较强；二八分发线，在视觉上有十分宽畅之感，其他还有四六分发线，三七分发线等。分发线还有直线、斜线、弧线之分。直线清爽、明确，斜线活泼、舒展，弧线则具有圆润感，产生加强发顶部高度的效果。分发型表现效果高雅、大方，应用广泛，适宜多种类型的男子选择。

发型的分类并不是一成不变的，在设计时可以根据具体情况进行变幻，产生新的造型，设计正是由于不断地创出新意，才会具有生命力和活力，才会不断发展。

七、发型设计与职业特征

发型设计除考虑到的头型、脸形、五官及身材以外还必须注意到人的职业特点，发型设计应根据职业的需要在不影响工作的情况下，努力达到最完美的发型效果。

工作时需戴帽子的顾客：发型不要做得太复杂，应尽量剪成短发或是长发扎辫子；

运动员、学生：由于年龄及运动员的职业特点，发型可做成轻松而活泼的短发型，易梳理；

文秘、公关人员及交际活动繁忙的女顾客：这类人的社会活动较多，头发最好留长一些，以便能经常变换发型；

教师、机关工作人员：简洁、明快、大方、朴素的发型，以表现淡雅、端庄的感觉；

文艺工作者、服装模特：发型可以做得独特一点，以突出流行和时尚感、创造性和前卫性。

第四节 配饰设计

一、配饰概述

在形象造型设计过程中，追求个性风格，已经成为当前形象造型设计师们灵感创造的重点。形象造型设计时，点缀一些精美的、独具一格的饰品，有时不仅能起到“画龙点睛”的作用，还可使人物形象更丰满。配饰的美感，来源于它的个性，也反映出人的气质、风度和修养。

在很多的服装设计专业书籍里都曾叙述过服饰泛指那些与人衣着穿戴有关的物品，它们都是人们生活中不可缺少的。配饰设计与人物形象的其他构成要素一样，也是非常重要的部分。自己的形象穿戴，通过一种适当的搭配组合，使其与设计主体达到舒适美观的穿着效果。恰到好处的配件设计不仅能使穿着者得到一种表现自我心理上的满足感和生理上的舒适感，而且还能给旁观者带来一种赏心悦目、画龙点睛的美的享受。

在现代社会中，配饰设计对人们日常生活的影响不断扩大，它研究的是从头到脚的穿着佩戴物如：帽子、鞋子、袜子、腰带、提包、方巾、长巾、手套、手帕、领带、眼镜、纽扣、伞、胸花、帽花、别针、手表，还有首饰等，这些饰物附件是构成人物形象整体美感的重要保证。

现代饰物新颖、别致，无奇不有。一件精美的饰物，不仅能成为衣着的焦点，还能增添不少生活情趣。

配饰和形象造型的协调美主要体现在以下四个方面。

（1）饰品的造型选择是以服装的造型为依据的，应求得与服装的造型具有整体而统一的艺术效果。

（2）从整体形象设计角度来讲，配饰的色彩应该是赏心悦目而又和谐统一的。如饰品的材料多为各种晶体结构的珍宝和金属，这些材料的折光力强，很容易受到不同光源的影响而变化，呈现出晶莹剔透的视觉效果，特别在强光下，往往无法辨认出它们的固有色。

（3）一般形象造型中佩戴饰品不要超过三件，一两件比较自然，多了就会显得杂乱。日常穿戴中发式、发带应小巧淡雅，有了它们，眼镜、耳环、项链、胸针也可以不佩戴，最多再戴上手镯和戒指。戴了耳环，只需配上同系列的戒指和项链。有了眼镜，只需要加上一副小耳环和长项链。通常夏天以佩戴色彩鲜艳的玻璃、陶瓷、有机玻璃制成的串珠、别针、耳环等为宜。而天然或人造的宝石、珍珠、金银或金属饰物则以冬季佩戴为宜。

（4）脸型是选择耳环和头饰的依据。耳环对脸型能起到一种平衡作用，但佩戴不当往往会事与愿违。椭圆脸型适合任何一种式样的耳环，但其他脸型就不同了。如方脸型就应佩戴长形或花枝状的耳环；三角脸型可选择圆形的耳环；圆脸型其耳环应紧贴脸孔，且避免佩戴圆耳环，耳环的大小则应以与面部的大小成正比为宜。

其实，无论选佩什么样的饰品，都要注重与形象整体相协调，这样才能起到点缀的作用。

二、配饰的特性

配饰设计如同服饰、化妆设计一样，在不同时代、不同民族存在着不同的表现模式，配饰有共同的特征，其表现为独立性、从属性、整体性、审美性、社会性等，由于诸多特性的存在，也决定了它在现代社会艺术设计中的发展地位。

（一）统一性

“配饰”之“配”即从属之意，可见它在形象设计中所属的地位具有从属的特征。一个人的仪表要通过内在因素和外在条件表现出来。内在的因素包括个人气质，文化修养、道德标准等，而外在条件则通过服装、饰物、发型、化妆等方面体现出来，多者有机结合、统一才能更加完美。

人物形象设计与配饰有着相互依赖的有机整体性，配饰是从属于这一整体的一部分。因此，配饰与配饰之间就需要有一种协调关系，这就是我们所说的整体性，也是服饰配件设计最基本的特征之一。配饰的每一类别既可以单独存在，又可包容于配饰的整体之中，如从材料、款式，色彩、工艺等种类方面看，每一个配饰的类别都有着自己独特的要求，它们之间也有着本质的区别。但从人物服饰的装扮效果看，它们之间又有着必然的联系，无论是首饰、包袋还是鞋帽，每一个局部如果配合不当都会引起整体上的不协调。从美学的角度来分析，服饰形象设计作品的完成实际上是一种艺术综合过程，在此过程中，许多独立的要素种类被设计师有机地结合起来，形成一个崭新的、完整的视觉形象。

统一性既包含服饰形象要素与配饰的统一，又包含与人体、环境的统一。形象的装饰形式，除构成的要素以外，还有纽扣、缉线、绊带、拉链、钉珠、腰带、镶色、编结、商标以及头巾、围巾、领带、鞋、帽、袜和首饰等。人物形象就是把多种因素有机地组合在一起，使人感到既丰富又统一，既多样又有条理，成为完美的整体。布鲁诺认为："整个宇宙的美就在它的多样统一""这个物质世界如果是由完全相像的部分组合的就不可能是美的了，因为美表现于各种不同部分的结合中，美就在于整体美的多样性。"同样，人物形象的美也在于"多样统一"，在于"整体美的多样性"。

（二）社会性

配饰艺术深受不同时期的文化、科技、工艺水平、政治、宗教及其他方面的影响，这些因素使不同民族、不同地域的配饰物具有各不相同的配套形式和内容。

不同时代的社会背景，对配件艺术的发展有较大的影响，有时甚至对饰物的发展变革起着决定性的作用。在长期的封建制度下，珠宝饰物及其他佩物都被赋予了一定的政治含义，成为当时社会地位或身份的象征。对于珠宝的佩带、配饰的穿用都有严格的等级区分。社会经济的发展，工艺技术的提高，给配饰艺术带来新的转机和变化。如金属冶炼技术发明和进步，使金属首饰的发展从无到有，愈加完善。合纤丝的问世和进步，以其轻盈、富有弹性、紧身合体、透明牢固的特点，成为装点女性腿部的新热点。因此，配饰艺术的发展和变化与社会的进步分不开。

三、与人物形象的整体组合

配饰与人物形象的整体组合是否合理，是由全身穿着是否调和、平衡等所决定的。所谓调和，是能体现人体的服饰形态、色彩及面料材质方面的统一和谐；平衡就是指服饰在量感、面积以及长度等方面取得合适的比例关系。

研究人物形象的整体组合，首先要明确整体配套的主要方法，如单品要素之间的配套，要素的内外配套，要素与鞋帽和领带类的配套，要素与腰带和手套的配套，要素和包类、首饰类的配套，男女形象的双人配套，集体多人形象配套，人与周围活动环境的协调配套，等等。

四、搭配方法

配饰对于人物服饰的整体就如同装修对于房子，能增添无限的美感。但装修也会有好有坏，有高雅的也有俗气的。在形象设计中，恰到好处的配饰可起到画龙点睛、锦上添花的作用,反之也会画蛇添足、弄巧成拙。下面将分别介绍十种不同的搭配方法。

（一）统一法

首先要与穿着的场合气氛相统一。如在晚间的较正规的社交场合应佩戴具有闪光感的高档华丽的装饰性包装，以配合晚间的豪华气氛。而在休闲娱乐场合佩戴一些轻巧的小挂件， 使之形成一种轻松快意、充满生气的效果。第二讲究着装风格的统一，配件的材质、工艺色彩要与服装形成一个统一的、充满魅力的外观效果。此外，统一法还体现为造型元素的统一。当服装的造型是表现浪漫风格的弧曲线造型时，包袋、鞋的设计也应以强调动感的曲线造型为主，以形成服装整体的轻巧流畅的线条；当服装是强调简约的现代风格时，包袋、鞋、帽、首饰造型也多用几何型造型；当服装的色彩过于艳丽杂乱时，常常借助庄重的中性色配件，如黑色的腰带起统一综合的作用。

（二）节奏法

服饰的搭配如果只有统一、没有变化，常常会使人感到平淡无奇、没有生气，而总是变化、缺乏反复，也会使人感到烦躁。节奏法的运用，就是指同一造型要素之间有规律变化的造型关系。

（三）对比法

对比能给人的感官以刺激感，具有鲜明、明快的特点。一些节日娱乐场合的服装多以对比的搭配方式，形成欢快喜庆的气氛。如伊夫·圣·洛朗从毕加索绘画中汲取灵感，翠绿色的帽子与红色的衣裙形成鲜明的对比。又如硬朗的大方块组合的项饰、腕饰造型夸张奇特，与衣裙柔软的材质形成对比，可衬托出纱的轻盈与洒脱。

此外，当服装的色彩显得沉闷时，对比色的配饰的运用具有起死回生之妙。如在灰色的衣裙、深蓝色的衣裙上，配上一条鲜亮的黄腰带可以给平淡的服装带来生气。

（四）点缀法

即在色调的基础上加些醒目的小色块作点缀，增加层次，活跃气氛，起到画龙点睛的作用。如在深色的服装上点缀明亮的饰物，使之成为视觉中心，具有先声夺人的效果。当服装的色彩比较单调时，采用点缀法加以改善，给服装注入生气与活力。点缀法的运用要点到为止，避免多和碎。

（五）呼应法

即同种元素或类似元素间彼此照应、相互呼应取得统一感的一种方法。如身穿驼色大衣配咖啡色帽子时，用驼色的丝巾装饰在帽子上，即可达到一种相互呼应的统一感。

（六）衔接法

即让对比色的服装通过一种中性色的配饰搭配，如黑色、白色或金银色的配饰的应用，使人产生色彩连接的感觉，避免配色上的生硬感。如在黄色的上衣与紫色的裙子中间束一条黑色的腰带，就能使对比色过渡自然，起到一种缓冲作用。

（七）加强法

是针对服装的造型、色彩或服饰风格，选择典型的饰物，使服装本身的效果得以加强。由于配件较少受人体活动的制约，选择材料的自由度较大，常常成为表现服饰风格的捷径。如统一感的带有锐利尖角的项饰，可以使服装的未来主义风格更为鲜明突出。

（八）主导法

即有意识地将某一配饰作夸张的处理，使其成为引人注目的焦点，而其他部分则作留白处理，饰物有充分展示的余地。主导法应在主要配件的造型、色彩和材料质感各个方面予以重点处理。在婚礼服的设计中常以头纱为主导装饰，其他部位则给头纱以充分展示的余地，做从属设计。

（九）从属法

从属法如同大树有主干也有支干一样，很多饰物的配置是以服装为主导，配件做从属性设计装饰。

（十）层次法

生活中的成衣设计，通常没有明确的视觉中心，是为了给穿着者在组合搭配时留有余地，以通过不同的配饰来适合不同场合和个性的需要。如一款同样是红色调的服装，但由于应用了不同色相的配件，产生了冷暖的层次变化，增加了层次感。

五、与服装的配套设计

服装配套设计的范围很广，从头到脚，从里到外，甚至延伸到体外，凡与着装者有接触的用具和装饰品，都可称之为服装配件。服装配件在整套服装的配套中起到补充修饰、点缀强调的作用。当对某套服装在款式造型或色彩方面感到不足，就可以用服装配饰加以修饰和点缀。当然，很多服装配件不仅仅是纯装饰性的，其实用性、功能性也很强。

有些人曾把众多的服装配件分为实用类、半实用类和装饰类。实用类包括鞋子、袜子、手帕等；半实用类包括帽子、手套、手表、手提包、围巾、眼镜、纽扣、发夹和伞等；装饰类包括首饰、领结、胸饰。

（一）帽子

帽子在 20 世纪以前是人们着装配套必备的服装配件之一。进入 20 世纪后，随着现代人生活方式、着装观念的改变，成为可有可无的装饰品。帽子的种类很多，每一种帽饰随着服装的变化而更改。衣服宽大时，帽子造型夸张；而服装修长细窄时，帽子的造型也显得紧凑精致；服装造型简练时，帽子的式样也更为精干得体。一旦帽子与服装的距离相差太远，那就不仅不能产生美感，可能还会使整套服装显得滑稽可笑。

注重时装的创意性组合和设计风格的表达。由服装的整体性、服装与帽子完美结合的形式提高人们的审美情趣。当然，服装的整体性表现在各个不同方面，如创作风格、款式、色彩，材料等，结合不当就会影响整体设计的效果。创意设计中，帽饰的设计别致大胆、令人惊奇，但仍与服装款式紧密相关。如表现白玉兰造型的服装，将裙摆设计成圆润洁白的花瓣，帽子设计成其中的花蕊，模特儿走在 T 型台上，犹如一朵幽幽飘香的白玉兰。近年来，T 型台上展示的帆船帽式、灯笼帽饰、地球帽饰等，与服装的搭配、风格的协调方面富有一定的创意性。帽饰不仅要与服装的款式相符，更要与服装的色彩相协调。帽与衣的配色讲究整体性和协调性，一般配色有以下几种：

同类色相配——衣帽以相同或相近的色相、明度或纯度的色彩搭配，在视觉上容易形成统一协调的感觉，但有的也会产生单调感。

同花色相配——帽饰的颜色与衣服花色中某一面积较大、色感较好的颜色一致，整体感强，风格活泼。

花帽配素衣——服装的色彩淡雅、素净，帽饰的色彩也应有同样的风格。帽子可选择同衣服同色调的小碎花、条纹来制作，显得素雅中带点青春的朝气。

对比色相配——这类搭配运用于色调对比强烈的创意性服装，常以服装中某一对比色作为帽子的颜色，显得大胆、强烈、夸张。

弱对比相配——突出柔和效果，虽是对比色，但色彩的明度、纯度反差不大，类似粉色效果，强调女性的柔和感。

当然，戴帽子时还要注意的是，应与自己的脸型、肤色和体型配套。有的人个子矮，脸很宽，肤色也偏黑，这种情况下就应该选择色彩亮丽一些的、帽身稍高而帽檐较窄的帽子，这样，不仅美化了戴帽子的人，也美化了帽子本身。

（二）首饰

随着社会的发展，首饰的功能性与装饰性也在发生着变化，为女士们准备了饰品外，男性饰物也在不断丰富起来。中国人的首饰概念，主要是指耳饰、项链、手镯等，而且大多是用贵金属和水晶、珠宝之类材料成型的配件。然而，随着时代变迁，观念更新，取同样外观效果的代用材料制作首饰的越来越多。其优越性无非是加工制作方便、价格低廉。现在的人们已不担心没有新颖美观的饰品，而是担心服装和饰品的搭配不能达到预期的效果。单一地追求服装美或首饰美，都会使人感到不完整、不协调，唯有使首饰在款式、色彩上与服装相配起到点缀的作用，才会使人感到整体、和谐之美。如两者均突出，反而使人感到喧宾夺主。

首饰在服装整体中，应协调一致，风格一致，色彩与服装有呼应，价值、款式也应与服装的款式协调起来。布、麻、化纤等风格粗犷的织物制成的服装，如配上高贵、华丽的金银珠宝首饰，便会显得牵强附会。但如一身豪华的晚礼服，却选用木质、石材的饰品，就显得不伦不类，非常不和谐。

粗犷、豪放风格的服装，选用首饰的风格也应热情奔放、粗大圆润、光亮鲜艳；轻松、简洁、面料高档的直线性时装，配上抽象的几何形耳环、项链等首饰，有一种稳重、温柔之感；带有民族风格的服装，配以银质、贝类、竹木、陶瓷等为材质的首饰，更有一番乡土民风和返璞归真的情趣。

在色彩上，首饰的色彩与服装的色彩可以是同类色相配，如选择服装中某一色系作为首饰的主色调；也可以是在协调中以小对比来点缀；还可以是素色的服装配以鲜艳、漂亮、多色的首饰，或艳丽服装配以素色的首饰。

服装与首饰协调是为了更好地装扮自身，达到美好的形象。国外有心理学家研究认为，人的气质与精神状况、文化素养、审美水平、衣着装扮都有一定的联系。

（三）包袋

包袋是与人体若即若离的配件之一，是现代人多姿多彩的生活不可缺少的必需品。包袋的种类很多，可根据用途、所用材料、装饰目的、外形形式等进行分类说明。

按具体用途分：有书包、旅行包、化妆包、公文包、摄影包、钱包等；

按使用方式分：有单肩背包、双肩背包、手提包等；

按外观造型分：还有方形包、圆形包和三角形包等；

按制作方法分：有拼缀包、镶皮包、珠饰包、编结包等；

按所用材料分：有皮包、尼龙包、布包、塑料包等。

包袋有质地、工艺、价值等因素存在。与人物形象搭配的各类包袋，由于种类多、用途广，使用环境也不一样，遵循的审美原则也是不同的。如在色彩关系上要求协调美观，以同类色、点缀色为主。若选用对比的色彩关系，则应考虑与周围的环境、气氛是否和谐。包袋的款式还应与场合协调。如在公司上班时，大家的穿着较正规、严肃，此时提着公文包或办公书包比较自然，如在这种场合中提着牛仔包或珠片包，自然会使人感到出格。又如在外旅游时，人们的穿着较为自然、轻松，与之相配的旅行包、小包等自然得体，此时不必正经威严地提着公文包。

配件的门类实在太多，无法一一介绍。眼镜、纽扣、腰带、手套，甚至阳伞、雨具等都是与人物形象设计紧密相连的配件物。无论如何，饰品设计在整体形象中必须服从主体的变化要求。下面是对配饰设计的主要分类介绍。

六、配饰设计分类

（一）头饰形象设计

头饰，指戴在头上的饰物。头饰有着悠久的历史，最早可追溯到青铜器时代。人类使用头饰已经历了很长时间，而且都和装饰有关。中国汉字“美”，其象形字就像一个戴着头饰的人，其头饰也许是一个羊头，有两只角，也许是两根长长的翎毛，因而有人说“美”字“像头上戴羽毛装饰物的舞人之形”。其实，这种情形在古代民族和现代少数民族中都可以经常见到。可以说，世界上所有的民族都有戴头饰的历史，而且都以不同的形式流传到现代。与其他部位的饰品相比，头饰装饰性最强，因而主要是女性佩戴，包括发饰、耳饰和帽子。古代女子的头饰大多华丽精巧，也是美发的重要部分，如梳好的发髻要用花和宝钿花钗来装饰。宝钿花钗包括发簪、步摇、发钗和发钿。

形象造型设计中，单纯靠发式与化妆造型展现头部形象是远远不够的，还应搭配各种饰物，方能突出个性形象。

1. 发饰的分类

发饰可以按材料、工艺、风格、装饰部位、用途等不同来进行分类。

（1）按用途划分

①发夹。主要有 3—6mm 的顶夹（只夹一部分头发）和 7—10mm 的发夹（可以把所有头发都夹住，主要用来盘发）。

②发箍。又称头箍、发卡，有布料或塑料等材质，也称头环。

③头花。由花头和针梃两部分组成，是一种古代就有的装饰品，一直到现在依然广为流传。

④竖夹。又叫作香蕉夹，可以把头发竖起来夹住，固定得比较牢。

⑤皮筋。一种具有弹性的束发饰品。

⑥爪夹。又分边爪、全爪，与发夹作用基本相同。

⑦发插。也叫发梳，是类似于梳子的薄梳型发饰。

⑧对夹。可分为单夹与对对夹，还可以细分为鸭嘴夹、BB 夹、一字夹、青蛙夹、边夹。

⑨尖嘴夹。也有很多人称之为鳄鱼夹，多为盘发后装饰用，固定性不是很好。

⑩儿童发饰。即比较儿童化的发饰，可分为童绳和童夹。

（2）按材质划分

发饰按材质可划分为合金烤漆类、合金水钻类、亚克力类。

①合金烤漆类。即金属类的饰品外层包裹有漆，加热烘干制成，色彩艳丽，光彩照人，同时不易掉漆。

②合金水钻类。又可以再分为两个小类：满钻与稀钻。这类发饰基本上不会烤漆。

③亚克力类。通俗说就是有机玻璃类饰品。

2. 头饰的搭配

头饰直接影响面部美观，作用当然是不言而喻的。头饰的搭配除了要适合发型、脸型，还要符合整体搭配的风格。

橘色长裙搭配珍珠与宝石装饰的首饰套装可大展异域风情；简单的发型搭配华丽的配饰可让人变得美艳动人。

在头发上佩戴一个蝴蝶结头饰显得十分可爱，闪烁的宝石营造的立体感让整个人显得生动活泼。

中分长发配上细细的钻石发带，优雅之中带有一丝妩媚气息。一颗颗钻石在头发中若隐若现，使佩戴之人显得神秘而性感。

香奈儿将高级手工坊系列秀展主题定为“ Paris–Bombay”（巴黎 – 孟买），设计师卡尔·拉格菲尔德（Karl Lagerfeld）从印度元素中获得启发，将东方的神秘与香奈儿的经典设计大胆融合在一起。彩妆创意总监彼得·菲利普（Peter Philips）则将传统印度风格与现代摇滚风味融合，设计了一款神秘又强烈的浓黑烟熏妆。

（二）颈饰形象设计

现代的颈饰指佩戴于脖颈的珠宝饰品，多用贵金属和宝石制作而成。选择适合自己的颈饰，有助于提升整体气质，放大自身的优点。

1. 颈饰概述

颈饰有广义和狭义之分，广义的颈饰泛指人们佩戴在脖颈部位的一切装饰物，包括围巾、丝巾、领带、毛衣链、项链、吊坠等，涉及服装、饰品等分类，内容宽泛；狭义的颈饰单指佩戴于脖颈的珠宝饰品，包括项圈、项链、吊坠等，多用贵金属和宝石制作而成。日常生活中所谓的颈饰，多是指狭义的，单指饰品类。

项圈的外形与项链很像，但它不像项链每个关节都可以活动，一般除了簧扣的搭边之外，几乎没有或只有一到两个可以活动的关节，因此又称硬项链。

吊坠是一种由贵金属镶宝石或不镶宝石制成的饰品，一般串在项链的中端，正垂于胸前。吊坠本身不单独成为一件首饰，而是作为带坠项链或项圈的配套产品存在。吊坠作为项链的一部分，能使单调的或形状变化较少的项链在整体结构和外形上有所创新，起到画龙点睛的作用。吊坠一般分为素金的纯金属类和镶宝石类两种款式。

项链主要由链身和搭扣两部分组成。链身既可以是一节一节单一的花纹链环重复连成，也可以由各种宝石和花片镶嵌而成。前者称为无宝链，后者称为花式链，它们多由贵金属铸造而成。搭扣则装在项链的两端，起到连接的作用，主要有弹簧夹、剪刀钩、S 形钩、汇合圆等几种类型。

2. 颈饰的搭配

很多女性在挑选颈饰时，通常只注重产品的材质与样式，而忽略了与自身脸型、气质的匹配效果。要知道，那些“看上去很美”的颈饰并不一定真正适合自己。配合脸型来挑选颈饰，往往可以达到“事半功倍”的效果。

（1）标准“鹅蛋脸”形女士

标准“鹅蛋脸”形的女士可选择的吊坠款式比较广泛，但需注意不要选择过于成熟和夸张的样式。因为本身的脸形就已经很完美，再加上优秀气质的衬托，只需加以精致而小巧的点缀即可。例如，宝珑网的“爱琴海传说”，水滴形状的吊坠与标准的脸形产生呼应，依偎在迷人而优雅的颈间，完美地诠释了爱琴海的大气与浪漫。

（2）方脸形女士

方脸形的女士切忌选择棱角分明的颈饰。可以选择单佩珍珠项链以减轻立体感，从而突出面部的圆润感，也可以选择圆滑的颈饰来增添面部的柔媚感觉。

（3）长脸形女士

长脸形的女士尽量不要选择流线型的颈饰，避免产生进一步拉伸脸部线条的效果。可尝试选择圆形或心形的配饰，更能凸显高贵气质。当然，在挑选款式形状、进行珠宝定制时，还要注意宝石色彩的选择，以能搭配出绚丽的效果为宜。

（4）圆脸形女士

圆脸形的女士应尽量避免选择过于粗重的项链和吊坠，以免给人以“头重脚轻”的感觉。可以尝试能够修饰脸颊与身材的流线型颈饰，让柔滑的颈饰垂坠于锁骨与胸部之间，打造柔美的脸型和典雅端庄的气质。

3. 颈饰的保养

颈饰是贴身佩戴的珠宝饰品，需要适当清洁和保养，有些禁忌之事，不可不知。

（1）忌把颈饰和化妆品混合放置，以免珠宝饰品沾染油脂类的化妆品，影响光泽。因此，化妆时，尽量不要佩戴颈饰。

（2）不要佩戴颈饰洗澡，也不要让珠宝饰品接触洗涤剂等物品。虽然贵金属不会“生锈”，但有可能发生氧化或与洗涤剂发生化学反应等，应该保证颈饰的光泽和品质。

（3）不要把颈饰放置在化学气体或者污染环境中。所有的珠宝饰品都特别容易沾染杀虫剂、喷雾剂，所以进入实验室不要佩戴颈饰。

（4）不要佩戴颈饰做剧烈运动或粗重活，一是避免珠宝饰品遭遇强烈撞击和摩擦；二是避免汗液中的脂肪酸、尿素等对珠宝饰品产生腐蚀作用。

（5）不要把多式样、不同材质的颈饰与其他珠宝饰品混合放置，否则坚硬的珠宝饰品会刮伤其他饰品。

（6）彩色宝石颈饰不要用水清洗。珍珠、土耳其宝石、猫眼石、珊瑚、琥珀等彩色宝石具有吸水性，如果使用清水洗涤会造成宝石龟裂。

（三）手饰形象设计

手饰是饰品的一种新的分类，即把饰品按人体佩戴的位置划分，将戴在手上的饰品称为手饰。手饰包括手镯、手链、戒指、扳指、指环、指甲扣等，在这里重点讲述手饰品类中人们最常佩戴的一种戒指。

1. 戒指的发展历史

戒指，又名手环。在古代的埃及、希腊、罗马等地，有的人在戒指上雕刻图案，用于在文书、法令上加盖印章，以显示自己的权力。有的人在戒指内侧刻上诗文、格言，把它和鲜花放在一起献给所爱的女孩。在有些国家和地区，戒指是表示订婚和恪守信约的凭证。我国妇女佩戴戒指，据说早在殷商末期就已开始。汉初就已有文字可稽查，宫廷中已开始盛行戴“指环”。“戒”字含“警”之意，当年宫廷中嫔妃戴它不是以此炫耀美丽，而是作为一种“避忌”的标志。相关典籍记载其是从西域传入的，故我国民间沿袭戒指在西域的用途，作为男女相爱、永结百年之好的信物。

2. 戒指与手型

选择戒指，要和手型、指型相配合。修长的手指，适合戴稍宽的戒指，戒指上的饰物如是橄榄形等，会更增手的吸引力。如果手型丰满，那么戒指上的饰物最好是圆形、梨形和心形的。如果手指短粗，应尽量挑选有角或不规则的样式，镶有橄榄形、梨形和椭圆形饰物的戒指，会使手指看起来修长。

3. 手饰搭配技巧

（1）层层堆叠

层层堆叠是让戒指戴得有型且最简单的方法，即把细版戒指成组戴在一个手指上，形成一种带了宽版戒指的错觉。如果喜欢闪亮的钻戒，可以把它们都集中戴在同一根手指上，其他手指佩戴款式较为朴素的戒指即可。

（2）宝石魅力

色泽好看的宝石具有夺人眼球的魅力。佩戴一个较为低调的戒指来衬托宝石戒指的光彩，然后再混搭佩戴各种小戒指，可增加人的时髦度。

（3）款式多变

戒指是追求时尚的人都爱佩戴的，把戒指佩戴在手指中间或者指尖的方式，可以混搭多种不同类型的戒指，让双手成为华丽的展览所。

（4）复古情怀

复古的戒指有着雕花的细节及镂空的线条，有巴洛克艺术之美，充满浓郁的宫廷风，典雅、大方、有型却又不失女性的柔美。

（5）黄金年华

要想带很多金色戒指来增加华丽感，一定要慎选款式。如果是镶钻戒指，那最好不做混搭，以凸显黄金钻戒的魅力；如果混搭，应搭配同类型的戒指，以保持整个格调的魅力。

（四）胸饰形象设计

胸饰是现代社会中女性常佩戴的饰品之一。不同种类的胸饰有不同的含义，就像不同种类的花有不同的“花语”一样。

近年来，服饰风格越来越个性化，胸饰种类也越来越多，在选择胸饰时，胸饰的风格应与个人整体形象协调一致，否则就会造成不伦不类的后果。

胸针是现代社会中女性常用的饰品之一，质地多为银制或白金制，镶以宝石。将其别在衣襟上，以彰显自己的美好身材或身份地位。女士用的胸针多佩戴于西装或大衣的驳领上，或插于羊毛衫、衬衣、裙装的前胸某部位。佩戴一枚胸针，常可起到画龙点睛的效果，尤其当衣服的设计比较简单或颜色比较朴素时，别上一枚色彩鲜艳的胸针，就会立即使整套装扮活泼起来，并具有动感。目前流行的胸针可分为大型和小型两类。前者长度一般在 5cm 以上，图案较为复杂，大多镶有宝石；后者一般长 2cm 左右，花样也较为简单，多为独枝花朵或多边形的，还有采用十二生肖造型的。胸针的型制更是集各种习俗、情趣和时尚元素为一体，常见的就有兰花形、钻戒形、椭圆形、扇形、蝶形、乐器形、花叶形、元宝形和动物形等。

第三章 人物形象设计色彩规律

第一节 服饰色彩与化妆色彩

人物形象设计的色彩规律，主要是以服饰色彩与化妆色彩的研究为主。服饰色彩与化妆色彩是一种系统性、综合性的研究活动。研究范围的拓展和研究方法的科学性，将有助于人物形象设计的深入研究和广泛运用。

一、服饰色彩的研究范围

服饰的属性非常广泛，诸如色彩、款式、材质、工艺、结构等，其中色彩是影响产品视觉效果最直接的因素之一。

（一）服饰色彩的范畴

狭义地说服饰色彩就是我们日常生活中穿的色彩和饰物的色彩。服饰色彩与服装色彩的概念是不同的。服饰色彩既包括服装色彩，也包括配饰色彩，同时还含有对人自身色彩的修饰、装饰之意，是指人着装打扮以后的整体色彩状态。

如果说爱美是人类的天性，那么，用色彩来美化自身就是人类最具体、最具普遍意义的实现过程。因为色彩是最响亮、最具魅力的视觉语言，所以用色彩创造美、用色彩装饰人类的自身及环境，是人类生存过程中的创造，又融文化、艺术与科学为一体。服饰色彩的应用及设计，不论在人类文明艺术史中，还是在当今人们的衣、食、住、行、用的日常生活中，都占据着重要的位置。它集精神文化和物质文化于一体，融科学技术和艺术设计于一身，充分展现了现代人们的审美理想及追求，精心塑造着人们美丽的外观形象和精神气质，美化着人们的生存环境。服饰色彩应包括如下四个部分。

躯干装色彩——这是服饰色彩构成中的决定因素，决定着服饰色彩形象大效果、主旋律，构成了服饰色彩的核心内容，也是狭义的服装色彩概念。

内附件色彩——这是服饰色彩构成中的必要因素，诸如内衣、领带、袜子、鞋子、帽子、手套等附件的色彩。

外附件色彩——这部分与躯干装的关系比较松散和间接，是色彩的强化因素，不是必要的因素，诸如提包、伞具、扇子、墨镜等附件的色彩。

配饰件色彩——这部分色彩以外加的方式实现着色彩美化的目的，没有明确的实用功能，主要包括：首饰、发型、文身、化妆等的色彩。

作为色彩规律的研究，必须认识、理解服装色彩与服饰色彩设计的概念，掌握服饰色彩设计学的性质、研究对象、范围，并以此来指导我们的日常生活。

（二）服饰色彩的研究范围

服饰色彩的研究范围非常广泛，研究成果可应用于服装设计并能够服务于人们的日常生活。广义的服饰色彩设计所涉及的学科，不但包括现代色彩科学理论，而且还与其他诸多学科密切相关，如物理学、化学、生理学、心理学、美学、社会学、民族学、民俗学、经济学、材料学等。从服饰色彩设计所涉及的社会因素而言，必须研究社会制度、思想意识形态、民族传统、风俗习惯、文化艺术、宗教、科技、经济、生活方式及流通方式等多方面因素对服饰色彩影响的程度和范围。从服饰色彩的个性因素而言，服饰色彩设计的研究，必须对服饰使用者的动机、体质、肤色、性别、年龄、文化、职业、审美趣味、生活方式等层面进行了解。从服饰色彩的服饰因素而言，要对色彩与服装款式、服装材质、服装面料纹样、服装配饰等关系进行研究。从服饰色彩的环境因素而言，要研究服饰色彩与季节、服饰色彩与地区环境、服饰色彩与使用场所等关系。因此，服饰色彩设计研究具有系统性和综合性特点，研究范围的拓展和研究方法的科学性，将有助于服饰色彩设计的深入研究和广泛运用。此外，服饰色彩设计的研究，还包括服饰色彩效果图的表现方法、服饰色彩的具体产品展示与营销，同时，也包括服饰色彩在生活中的再设计，等等。

微观上，服饰色彩设计的研究是从创造性的角度，探索和开拓出新的美的对象，使人们对服饰色彩美的形式获得更多、更深刻的认识。尽管从创造性的美学角度来研究服饰色彩是一种复杂的过程，但是其创造行为总是伴随着一定的内在的必然规律和原理，这就需要掌握生理学、心理学和美学知识，从主观上调整对色彩的感知力，从而培养创造美的服饰色彩的能力。

研究影响服饰色彩效果的物理光学、生理学、心理学因素，服饰色彩与视觉心理，服饰色彩与人体色的对应关系，以及服饰的个性因素、环境因素，服饰色彩的搭配，可以指导人们的日常服饰搭配。

二、化妆色彩的研究范围

化妆色彩的研究是以化妆为主题，是对人的个性因素的重要研究。其范围将涉及人文、历史、色彩学、光学、美学、物理、化学、生理学、心理学、民族学、材料学、音乐、舞蹈、摄影、民族传统、性别、文化、职业、风俗习惯等方方面面，它既要研究生活中的化妆，也要研究表演中的化妆，还要研究影响因素和实际应用。

（一）化妆的分类

化妆色彩只是服饰色彩的一个分支，是针对人体的。化妆可分为两种，一是修饰打扮容貌；二是塑造人的外形。无论是美化形象还是改变形象，都是以人为本的艺术。

由于服装对人体的掩盖，使人体裸露的部分愈来愈少，这样，化妆的审美功能主要集中在人的脸部和毛发部分。

化妆分为两大类：生活化妆和表演化妆。生活化妆是指运用护肤、护发、清洁、修饰类的化妆品，对皮肤、毛发、五官等进行清洁保养、梳理造型、修饰美化。生活化妆以塑造自我形象为目的，以个人的基础条件为基础。化妆应追求自然，并顺应时代、民族、社会及环境对审美的客观标准。表演化妆包括的范围有音乐、舞蹈、歌剧、戏曲、曲艺、歌舞等。电影、电视以及其他许多形式的表演，其化妆均属表演化妆之范畴。但不同的表演内容，不同的表演形式，都有其个性特征，因而化妆的形式和表现手法也是各不相同的。不同的化妆就有不同的用色，这就是化妆色彩。

（二）化妆色彩的研究范围

化妆色彩也将涉及人文、历史、物理光学、生理学、心理学、民族学、材料学、民族传统性别、文化、职业、风俗习惯等方方面面，包括生活中的化妆、表演中的化妆，影响因素和实际应用。

第二节　服饰色彩规律分析

服饰色彩设计必须涉及人与服饰、人与环境、人与人、人与社会等色彩方面的关系性研究。这样就必然涉及诸多的学科，如视觉生理学、视觉心理学、色彩学、光学、材料学、市场学、民俗学，甚至还涉及服饰销售、消费心理学以及服饰宣传、服饰展示、服饰表演等信息传播学等学科的研究。

一、服饰色彩及其影响因素

色彩在服饰搭配中起着先声夺人的作用，它以其无可替代的性质和特性，传达着不同的色彩语言，释放着不同的色彩情感，同时也起着传情达意的交流作用。服装色彩语言的组织，需要多种因素的相互作用，才能达到合理的视觉效果。

（一）光源色与服饰色彩

光源对物体色彩的显色影响为演色性。服饰与其他物体一样，在不同的光源色条件影响下会演示出不同的色彩。服饰色彩的演色性，一般来说直接受到人工光源与自然光源两方面影响。自然光源，一般指的是阳光与白天的光；人造光源，一般指的是橙黄色的电灯，冷色的日光灯和彩色灯光。演色性的研究，对于服饰表演、展示以及穿着者于不同的环境中能达到某种预期的色彩效果的意义是十分重大的。人们常利用色彩的演色性，生产出变色布料、变色毛线，使同一件衣服在不同的光线下颜色不同，这样服饰更富于变化。在服饰上缀上一些反光的金属薄片，它们随光线不同而反射出不同的光，也可使整个服饰光彩夺目。

日光由于季节、早中晚时间的不同和空间的方向、环境、地区的不同，而呈现出不同的演色性。服饰色彩在不同的日光下，能演示出各种不同的色彩倾向。如：早、晚的日光偏暖，中午的日光发白；不同季节日光也有强弱的变化。自然环境的不同，其光源色也不一样。例如：意大利学者曾对日光进行测定，发现北欧的阳光偏近发蓝的日光灯色，南欧意大利的阳光偏近发黄的灯光色。日光下的服装，受光面的色相倾向于光源色的变化；背光面色彩倾向于环境色变化，色彩灰暗，纯度很低，与受光面的明度相差也很大。

灯光的演色性分普通电灯、日光灯、彩色灯三种情况。普通电灯的色光一般是低纯度橙黄色的暖色光。在这种灯光照射下的服饰色彩，黄色光加强了，色调较统一，但明度一般较低。色彩设计时应该充分考虑这些因素的影响。这种灯光下的服饰色彩变化如表 3-1 所示。

表 3-1　普通灯光下的服饰色彩变化

原色	变化色	原色	变化色	原色	变化色
红色	含有黄色的红	橙色	橙色变得更艳亮	青色	灰青暗色
黄色	光亮的红色味的黄	绿色	暗浊的黄绿色	紫色	暗紫、近黑色

日光灯的色光一般稍偏冷、带蓝色，这种灯光下的服饰色彩冷色趋向加重，不同的演色效果还与日光灯的强度和照射角度、位置有关。这种灯光下的服饰色彩变化如

表 3–2 所示。

表 3–2　日光灯光下的服饰色彩变化

原　色	变　化　色
红色，橙色	色相不变，明度、纯度稍微降低
黄色	柠檬黄带有青色
绿色，青色	基本的色相不太受影响，但会稍微变得更冷、沉着而生辉
紫色	色相上会失去一部分红色味，蓝色味有所加重

彩色灯光的演色性是需要重点研究的一个方面，是服饰表演、服饰展示、影剧服饰色彩设计成功与否的关键。人们常常利用色彩的演色性来达到烘托气氛的效果，或展示服装主题与情调。如表现一些高科技环境下的服饰表演，给周围景物打上一层蓝光，使舞台环境发出一种冷冷的理性的磷光，造成一种神秘奇异如梦幻般的气氛；利用照明灯的色彩、强度，使整个舞台瞬间变化无穷，从而达到一种快节奏、梦幻般的超现实感。彩色灯光在日常生活中的运用也是常见的。如商场、饭店更是重视这种色彩的演色性，这些地方多安装一些带黄色的灯，在这种暖色灯光的照射下，物体都带有一层黄色，显得高档，从而巧妙地营造出一种豪华、气派的商品色调和温暖的情调。此外，广告中的霓虹灯、会场的彩灯、舞场的彩球灯、展览会的光源灯、舞台照明灯光等都能在很大程度上改变服装的颜色。彩色灯光照射下的服饰色彩变化性较大，色相的走向是色光与服饰色彩综合性作用下产生的。如果服饰色彩与灯光色相同或近似、受光后原色更鲜艳、色相感更明确。如果服饰色彩与灯光色相异，或是补色关系，受光后的原色变灰暗，色相感更模糊。

伊顿指出：“光是色之母，色是光之子”。光——这个世界的第一个现象，通过色彩向我们展示了世界的精神和活生生的灵魂。印象主义画家们宣称：“光就是绘画的主人公。”可见，光既决定着色彩的物理性质、色彩的形成，更重要的是还决定着审美性质和艺术创造。在服饰表演的整个过程中，光的演色性为服饰的展示提供了变化无穷的空间。服饰色彩的美感、情调与光线设计使用水乳交融，共同创造着服饰艺术魅力。

现代许多服饰设计师和舞台灯光设计师更对色光有深刻认知，并被其艺术效果所吸引，他们意识极强地探索利用光色变化，给舞台及服装注入了扑朔迷离、变化莫测的艺术效果。英国著名的灯光设计专家查德·安得鲁，将表演舞台灯光分解为四个属性：强度（高调、低调，还是柔调）、色彩、分布（角度）、移动四个属性。服装表演的设计者应该利用光线的表现手段，将其巧妙地应用到服装表演的整体效果中去。

（二）服饰面料材质与服饰色彩

服饰面料材质，一般是指原材料的质地、肌理、色彩、视觉、触觉的综合感觉。服饰造型、色彩、工艺以及由此而产生的美的视觉效果，都是通过面料这种物质媒介来实现和传达的。服饰中的色彩设计与其他的色彩设计上的最大区别，就在于它和面料质地紧密地联系在一起，必须具体到材料上来进行色彩构思、来进行色彩创造，通过对材料的认识、选择和利用来表达材质中的独特美感和色彩魅力。

服饰色彩作为可视、可触的形态，必须附着于某种具体材料的“质”来展开。材料都有其物质属性，不同的“质”有不同的物质属性，因而也就有其不同的质地形态（软、硬、厚、薄、挺括、柔软等）；不同的肌理形态（粗糙、细密、光泽、不光泽、透明、不透明等）。服装面料的材质与肌理感，是从材料表面组织结构上获得的，是由于面料纤维原料性质的不同、织造方式的不同以及织物组织的不同，产生的特征。这种表面特征所造成的种种感觉，概括地说有两种：一种是通过直接触摸的，称之为触觉肌理感；另一种是凭眼睛直接感受的，称之为视觉肌理感。视觉肌理离不开视觉经验，它是以触觉印象为基础的。

（1）服饰面料材质的视觉感受

在服饰设计中，尽管服饰所使用的面料品种、类别十分丰富，但概括起来有如下几大类：以织物的纤维原料来分，有用天然纤维生产的棉、麻、毛、丝等面料和用人造纤维制造的化纤、合纤、皮革、裘皮等面料两大类；以织物的织法来分，有机织织物、针织织物、手工织物和非纺织织物（裘皮、皮革、无纺布）等；以织物组织和织纹来分，又有平纹织物、斜纹织物和缎纹织物等；以面料花色变化来分，又有染色、印花、织花、提花等。由于材料不同、加工工艺手段不同所产生的各类面料，都具有各自独特的材质与肌理特点，并给人以不同的、独特的视觉感受、触觉感受和心理感受，如表 3-3 所示。

表 3-3　不同材质服饰面料的特性、视觉感受

织物	特　性	视觉感受
棉织物	具有保暖、吸水、耐磨、耐洗的特点，并有良好的皮肤触及感	有自然、朴实、浑厚的感受，具有一种粗犷的美感
麻织物	具有吸水、抗皱并稍带光泽的特性，有清爽的手感	凉爽、挺括、肃然，色彩一般都较浅淡
毛织物	具有良好的保温性和伸缩性，吸湿性 好，且不易起皱，手感柔和丰富	温暖、庄重、大方、高雅，色彩较深暗、含蓄

续 表

<table>
<tr><th>织物</th><th colspan="2">特 性</th><th>视觉感受</th></tr>
<tr><td>丝织物</td><td colspan="2">具有很好的吸湿性，光泽度好，且手感细腻、柔软</td><td>透明、轻盈、华丽、精致、高贵。色彩浓、淡、鲜、灰均宜。</td></tr>
<tr><td rowspan="3">化纤织物</td><td>人造纤维</td><td>柔软、透气，手感清爽</td><td>色彩鲜艳具有光泽</td></tr>
<tr><td>合成纤维</td><td>耐磨、弹性好、抗皱，挺括</td><td></td></tr>
<tr><td>化学 / 天然纤维混纺</td><td>柔软、挺括，保暖</td><td>色泽丰富，外观极似毛纺织物</td></tr>
<tr><td>非纺织材料织物</td><td colspan="2">以皮革和合成革占较大比例，具有表面光亮、柔和、保暖性强等特性</td><td>色彩感觉高贵、沉着，色泽偏暖</td></tr>
<tr><td>凹凸织物</td><td colspan="2">表面有立体感</td><td>色彩有浮雕感、立体感</td></tr>
<tr><td colspan="3">绒面织物（平绒、丝绒、人造毛皮、纯绒织物、烂花）</td><td>色彩具有温文尔雅的表情</td></tr>
</table>

总之，通过以上对面料种类、材质特性及着色后的视觉效果的分析，对面料材质的审美特征及材料的品质作为艺术的品质来领会，对织物材料各自不同的特性保持敏锐的反应，并且尽量通过色彩设计来加强其材质的独特效果，使材质美、肌理美，通过服饰色彩设计更恰当完美地表现出穿着者的气质和风度。

（2）服饰面料的材质肌理特性与色彩之间的关系

由于服饰面料所使用的原材料的不同和组织结构的不同，因而所具有的吸收与反射光的能量也不同，这样也就产生了对面料色彩变化的最直接性的影响。在服饰色彩设计中，这种影响主要体现在色彩明度和纯度的微妙变化上，而对色相影响甚小。例如：光滑的面料的反光能量强，色彩也会随着光的变化而显得不稳定，使色彩看起来比实际明度偏高。而粗糙面料的反光量弱，表面色彩相对稳定，看上去会与本身明度接近或稍暗一些。同时，随着明度变化也会给纯度带来相应的影响。由此可知，面料材料的不同，表面组织结构的不同，会给色彩带来相应的变化，即使同样一个色，通过改变其肌理或材料，就能随之显示出一种新的色彩效果。表 3-4 给出了红色在不同材质肌理面料上产生的实际效果。

表 3-4 红色在不同面料上的效果

材质	效 果 评 价
涤棉	红色最浅淡，涤棉结构紧密、表面光滑，对光是正反射，反光最强，固有色较弱
平绒	红色明度最深，平绒表面疏松而毛糙，对光是漫反射，反光最弱，固有色最显著
棉布	红色明度居中，因为棉布处于涤棉与平绒两者之间

伴随着面料材质所发生的变化，其面料色彩也就会随之产生复杂的感情作用。这一点，在服饰色彩设计过程中，必须予以高度的重视。表 3-5 为红色在不同材质上形成的感情特征。

表 3-5 红色在不同材质上形成的感情特征

织物	色彩表情	织物	色彩表情
粗纺的苏格兰花呢	粗犷、朴素	毛织面料	稳定
织金银丝的织锦缎	豪华、辉煌	棉织的绢料伸缩布	豪华艳丽
乔其纱织物	轻松、优美	棉织物	轻快、优美而清纯
光泽布料	大胆、冷静、新鲜、理智		

由此可见，服饰色彩与服饰面料材质的关系，也是一种互为联系、互相影响、互为共生的关系。因此，面料材质既是色彩依存的基础，又是体现色彩性格的关键，既可以充分表达材质美，也可能掩盖抹杀其特性，设计时必须予以足够的重视。

由于不同的服饰面料使色彩呈现出不同的性格，因此，对于一般基础色彩的性格不可当作一种定律来加以运用，必须了解面料的材质、研究面料与色彩结合后的视觉效果，才能缩小服饰色彩设计与实际服饰色彩在视觉效果上的距离。

（3）服饰面料的材质肌理与色彩表现效果

服饰面料的材质及肌理，具有使人产生多种感知的形态意味，通过视觉传达而导致不同的色彩表现效果。对视觉心理直接影响的材质肌理状况可分为两种：其一是粗糙无光泽的表面与粗糙有光泽的表面；其二是细密无光泽的表面与细密有光泽的表面。其中，粗糙无光泽的表面反光能力弱而色彩稳定，有笨重、坚固、沉重之感；细密有光泽的表面反光能力强而色彩不稳定，令人产生轻快、活泼、光滑之感；粗糙有光泽的表面反光能力较强，且色彩不稳定，给人以粗糙、光滑、织纹清晰之感；细密无光泽的表面反光能力弱、色彩稳定，给人以质朴、厚重、大方之感。

在生活环境中，自然造物、人类造物丰富万千，物各有其形，形各有其色，色各有其态，态又各有其质。具体到服饰色彩设计中，就是要在理解、掌握面料材质肌理特殊性的基础上，表现人们对世界的审美认识。在加强表现色彩性格的同时，善于利用色彩充分表达、体现面料材质性质、材质美及肌理美，以此来感染人的视觉心理，从而达到美的享受。例如可以用色彩来体现厚材料的深沉、轻材料的柔美、硬材料的挺拔、软材料的飘逸、重材料的厚重……用适当的色彩设计、配置，可以体现面料材质中的各种特性和美的魅力。

从色彩表现价值方面来看，服饰色彩可以加强或表现面料高档感觉和艺术格调，也可以通过适当的色彩配置来弥补面料材质的低档感和不足。可见，用色彩的组合来提高面料材质的档次和艺术格调，也是服饰色彩设计成功与否的关键。从这个角度出发，就要求服饰色彩设计必须与面料材质紧密结合，色彩的配置应该是锦上添花，用以体现物质自身的质地美、材料美、肌理美，并使其面料美感更具个性化。如果色彩设计掩盖了美的材质，就是一种失败的色彩设计。

在服饰色彩搭配中，好的服饰配色还可以造成不同的气氛和情趣，使人们在一种色彩气氛与质感的默契交融中感受或体验各种情调，或典雅、或华丽、或庄重、或潇洒。设计者要想丰富在服饰色彩上的表现力，或形成多种艺术风格，还取决于对服饰面料材质特性的熟悉和巧妙利用。在服饰色彩设计中，还可以根据需要去选择和创造不同的肌理效果。利用同时性的对比方法，使不同的肌理色块，在对比中互相衬托而产生更强烈的视觉效果。例如：可利用粗糙色块来衬托出光滑色块的个性；或利用不透明色块来衬托出透明色块的美感。但在同时，对比过程中还需要控制好双方面积比例，使被强调的一方更为明确而突出。

服饰色彩搭配中织物色彩的运用，还要从材质的薄型、厚型、高档、低档等种种因素与服饰使用者的时间、空间、环境等诸因素来综合考虑。例如：厚织物常为冬季使用，宜选配中深色；薄织物常为夏季使用，宜选配中浅色；高档织物色彩配置要沉着、典雅而少用原色；而低档织物色彩配置要强烈、明快而少用灰色。可见服装色彩能更好地显示出织物性能和质量，如黑色能够展示出丝绒的柔软度、缎子的光洁度、开司米的韧度。

总之，服饰面料的材质、肌理与形状、色彩是同等重要的，它是构成服饰色彩美的重要因素之一。服饰面料的材质和肌理，为服饰色彩设计提供了更为广阔的表现领域，在设计过程中，要有意识地训练对各种形态肌理的感知能力和利用能力，从而达到色彩与材质肌理默契配合，共同创造材质美和色彩美。

二、服装色彩与视觉心理

服装色彩的视觉心理感受与人们的情绪、意识以及对色彩的认识有着紧密关系，不同的色彩给人的主观心理感受也各异，但是。人们对于色彩本身的固有情感的体会却是趋同的。

（一）色彩的冷暖感

色彩的冷暖感主要是色彩对视觉的作用而使人体所产生的一种主观感受。如红、橙、黄让人联想到炉火、太阳、热血，因而是暖感的；而蓝、白则会让人联想到海洋、冰水，具有一定的寒冷感。其中橙色被认为是色相环中最暖色，而蓝色则是最冷色。此外，冷暖感还与色彩的光波长短有关，光波长的给人以温暖感受；而光波短的则反之，为冷色。在无彩色系，总的来说是冷色，灰色、金银色为中性色，黑色则为偏暖色调，白色为冷色。在具体服装设计中，色彩的冷暖感应用很广。例如，在喜庆场合多采用纯度较高的暖色，夏季服装适用冷色调，而冬季色彩则多用暖色。总之，应该根据实际要求来调节冷暖感觉，掌握色彩的性能和特点。

（二）色彩的进退感

在几种色彩相混合的平面中，我们常感觉它处于一个跃动的立体中，有的色突出，有前倾趋势，有的则使人感到隐退，这是色彩在相互对比中给人的一种视觉反应。一般来说，红、橙、黄暖色系的色彩具有扩张性，是前进色，蓝色系为冷色，有收敛性，为后退色。从明度角度讲，明色靠前，暗色后退。总的来说，暖色近、冷色远；明色近，暗色远。

（三）色彩的轻重感

同样的事物因色彩的不同会产生不同轻重感，这种与实际重量不符的视觉效果称之色彩的轻重感。这种感觉主要来源于色彩的明度，明度高的色彩使人有轻薄感，明度低的色彩则有厚重感。如白、浅蓝、浅绿色有轻盈之感；黑色让人有厚重感。在服装设计中，应注意色彩轻重感的心理效应，如服装上白下黑给人一种沉稳、严肃之感；而上黑下白则让人觉得轻盈、灵活。

（四）色彩的软硬感

与色彩的轻重感类似，软硬感和明度有着密切关系。通常说来，明度高的色彩给人以软感，明度低的色彩给人以硬感。此外，色彩的软硬也与纯度有关，中纯度的颜色呈软感，高纯度和低纯度色呈硬感。色相对软硬感几乎没有影响。在设计中，可利用此特征来准确把握服装色调。在女性服装设计中为体现女性的温柔、优雅、亲切宜采用软色，但一般的职业装或特殊功能服装宜采用硬感色。

（五）色彩的兴奋与沉静感

色彩能给人兴奋与沉静的感受，这种感觉带有积极或消极的情绪。积极的色彩能使人产生兴奋、激励、富有生命力的心理效应，消极的色彩则表现沉静、安宁、忧郁之感。色彩的兴奋与沉静感和色相、明度、纯度都有关系，其中纯度的影响最大。在色相中，波长长的红、橙、黄色给人以兴奋感，波长短的蓝色系给人以安静之感，绿与紫是中性的。在具体设计中，婚庆、节日、典礼的服装色彩多用兴奋色，年轻人、儿童、运动服等多用鲜艳的兴奋色彩，老年人、医护人员常用沉稳的色彩。

（六）色彩的明快与忧郁感

当步入万物葱郁的自然界中，心情会顿时充满轻快、舒畅；进入光线幽暗的房间便有忧郁不安之感，这就是色彩给予我们的明快和忧郁感。明度和纯度是影响这种感觉的重要因素。无彩色中的白与其他纯色组合时感到活跃，而黑色是忧郁的，灰色是中性的。

（七）色彩的华丽与质朴感

色彩可以给人以华丽辉煌之感，相反也可以给人以质朴平实感。纯度对色彩的这种感觉影响最大，明度色相则其次。总体而言，纯度高的色华丽，纯度低的朴素；明度方面，色彩丰富、明亮呈华丽感，单纯、浑浊深暗色呈现质朴感。在实际配色中，金银色虽华丽但可以通过黑白的加入，使其朴素；同样，如有光泽色的渗入，一般色彩也能获得华丽的效果。

三、服饰色彩与人体色对应关系

服饰色彩与人体色有着密切的关系，色彩的冷暖与轻重是 PCA 系统的关键词。冷暖与轻重的变化像数学中的坐标轴一样，从一端变化到另一端。如图 3-1 所示，每个人在这个坐标系中都会找到自己确切的位置。

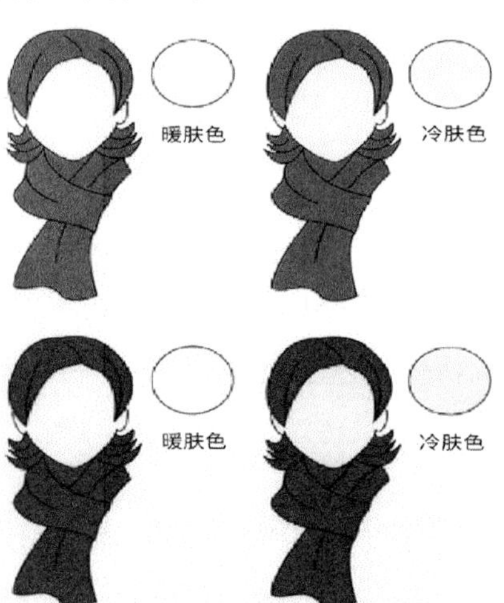

图 3-1 服饰色彩与人体肤色的关系

因为服饰色彩与人体色的正向对应关系，可以简单地将最为极端的四组服饰用色作为诊断用色，这四组将冷暖与轻重进行交叉组合后的色彩群，分别呈现完全不同的视觉感受。

因为这四组颜色与大自然四季的特征非常相似，就给这四组颜色赋予了非常感性易理解的代号，分别为春、夏、秋、冬，这就是四季色彩理论。

四、服饰色彩的搭配

服饰色彩搭配设计，是一种服装整体意识，是从广义上理解人的形象，指把服饰中诸多因素，如服装、服饰品、材料等围绕着穿着对象所进行的综合的色彩设计。具体涉及确切地选用色彩、颜色的组合配套，从创造性、艺术性的角度探索和开拓出新、奇、美的服饰色彩。

整体意识的服饰色彩设计，是运用科学的方式、艺术的手段来创造人类生活、工作、环境中所需要的服饰色彩。因为服饰色彩可以由人与服饰、人与人、人与环境等关系组成社会及环境色彩，所以，服饰色彩设计必须涉及人与服饰、人与环境、人与人、人与社会等色彩方面的关系性研究。显然，服饰色彩搭配设计是一个复杂的系统工程，其内部的各个因素是按一定规律组合起来的，具有整体性、关系性和层次性。

（一）色彩搭配的形式原则

色彩搭配所遵循的形式原则有调和与对比两种。

1. 调和的原则

运用搭配调和的原则，找出色彩之间相异的关系、内在规律和秩序，通过在面积大小、位置不同、材质差异等方面的搭配，在视觉上突出单纯、和谐、色调统一的特点，在单纯中寻求色彩的丰富变化，在和谐中求得色彩的明暗，产生平衡、愉悦的美感。调和原则的色彩搭配主要有以下几种形式。

（1）同一调和

这是在色彩、明度、纯度三属性上具有共同因素的一种色彩调和方法，在同一因素色彩间搭配出调和的效果。这种配色方法最为简单、最易于统一。同一调和又可分为单性同一和双性同一两种。

单性同一是在色相、明度、彩度三属性中只保留一种属性相同，变化另外两种。包括同色相，不同明度、彩度组合；同明度，不同色相、彩度的色彩的组合；同彩度、不同明度、色相的色彩组合。

双性同一是在色相、明度、彩度三属性中保留两种属性相同，变化另外一种。包括无彩色系调和，颜色以黑白以及由黑白的调和产生的各种灰色组合，即同一色相和同一彩度。例如以黑、白、灰组成的色彩搭配。

此外还包括同色相、同明度，不同彩度色彩组合；同明度、同彩度，不同色相的色彩组合；同色相、同彩度，不同明度的色彩组合。

（2）类似调和

即色相、明度、彩度三者处于某种近似状态的色彩组合，它与同一调和相比有微妙变化，色彩之间属性差别小，但更丰富。类似调和又可以分为单性类似和双性类似两种。

单性类似包括色相类似，明度、彩度不同的色彩组合；明度类似，色相、彩度不同的色彩组合；彩度类似，色相、明度不同的色彩组合。

双性类似包括色相、明度类似，彩度不同的色彩组合；明度、彩度类似，色相不同的色彩组合；色相、彩度类似，明度不同的色彩组合。

（3）对比调和

对比调和即选用对比色或明度、彩度差别较大的色彩组合形成的调和。采用的方法有以下几种。

利用面积对比达到调和。色彩的面积对比是指各种色相的多与少，大与小的对比，利用其对比达到调和，这样既削弱了对比色的强度，又使色彩处理得恰到好处。通常而言，服装上图案的用色是小面积色彩用来点缀，其色彩的纯度、明度相对大面积色更为丰富、活跃；有时为了使点缀面积色彩突出醒目，可适当降低大面积色的纯度、明度来避免过于刺激。对比色块间的面积与图案形状须有变化。如红绿相配时，应从一个好的视角处理好它们的比例关系，否则会过于刺激或呆板。如是多种色彩间的搭配，则应先确立主次关系。

降低对比色的彩度达到调和。如果配色双方均是彩度较高的对比色，且面积上又相似，这样会使双方相互矛盾而不协调。在这种情况下，降低一方或双方的彩度，会使矛盾缓和，趋于调和。

隔离对比色达到调和。在对比色之间以无彩色系或金、银等色将其分隔，也可以在对比色之间用其他的间色将其分隔。

明度对比调和。明度差别大的色彩组合，其对比调和力量感强、明朗、醒目，由于强调了明度的差别，将会降低其他方面的对比。因此在组合上应注意面积上的区别，避免造成视觉混乱。

彩度对比调和。彩度差别大的色彩组合，虽有对比感，但效果生动，色彩通过彩度的差别显得饱满和优雅。例如红色与灰色搭配，红色不仅被灰色衬托得格外艳丽，而且也被灰色控制得不刺眼。

2. 对比的原则

这是通过两种或两种以上的色彩之间的比较产生差别。具体可以有以下四种形式。

（1）色相对比

采用色相的差别而形成对比现象，又分以下几种。

① 同种色相对比是以一种色相的不同明度和彩度的比较为基础的对比。其配色效果较弱、呆板、单调，因色调趋于一致。可表现出含蓄、静态、稳重的美感。

② 类似色相对比的各色所含色素大部分是相同的，这类色相对比差较小，但比同种色相对比显得有差异。色彩对比既统一又有变化。

③ 中差色相对比是介于对比色和类似色之间的对比，具有鲜明、活跃、热情、饱满的特点，是富于变化、使人兴奋的对比组合。

④ 对比色相对比的各色相间是相反的关系，极端的对比色是补色，即红与绿、黄与紫、蓝与橙这三对。这类对比效果强烈、醒目、刺激，对比性大于统一性，不容易形成主调。

（2）明度对比

这是采用色彩明度的差异而形成的对比。以土黄色为例，客观存在着明色调为底的衬托下呈现的感觉较为暗，而在暗色调为底的衬托下呈现的感觉较明亮，这种现象称之为“边缘对比”现象。如将黑、白、灰三种色彩并排放置在一起，可以发现，邻近白色的灰色部分看起来较暗，而邻近黑色部分看起来较亮。在有彩色和无彩色的互相搭配中也会出现这种现象。

为了便于分类和利用明度搭配的效果，将明度分为高、中、低 3 个阶段。高明度色彩指的是亮色系，低明度色彩指的是暗色系，中明度色彩是介于亮、暗之间的色系，这样就划分了高、中、低 3 个明度基调，即类似明度、中差明度、对比明度，这 3 个明度基调通过类似、中差与对比的搭配可出现 9 种不同的色调基调，形成色调搭配——高短调、高中调、高长调、中短调、中中调、中长调、低短调、低中调、低长调。

（3）边缘对比现象表现在色彩的纵横交叉线上，以黑和白为例，在交叉点附近呈现出来淡灰色影像，而其余的白色部分看起来更白、更亮明度对比。

（4）彩度对比是因色彩纯度的差异而形成的对比现象。如以咖啡色为例，它在鲜艳底色的衬托下显得较为浑浊，而在混浊底色的衬托下则显得较鲜艳。与明度对比相同，也可将彩度的阶段分为高、中、低 3 个部分。高彩度为鲜色系，低彩度为倾向灰的色系，中彩度是介于两者之间的中性色系。以高、中、低为基调，然后以类似、中差、对比彩度来进行搭配可出现 9 种不同的效果。基调形成色调搭配有类似彩度、中差彩度、对比彩度，色彩之间形成的调子有高短调、高中调、高长调、中短调、中中调、中长调，低短调、低中调、低长调。

（二）服饰色彩的搭配规律

色彩在服饰搭配中起着先声夺人的作用，它以其无可替代的性质和特性，传达着不同的色彩语言，释放着不同的色彩情感，同时也起着传情达意的交流作用。服装色彩语言的组织，需要多种因素的相互作用，才能达到合理的视觉效果，组成和谐的色彩节奏。色彩搭配是多种因素的组成和相互协调的过程，同时遵循着一定的规律，可以有以下几种情况。

1. 以色相变化的色彩搭配

以色相为主的色彩搭配是以色相环上角度差为依据的色彩搭配。

（1）同一色相（单色色相）组合

色相差异约 0—15 度。由于是同一色相，搭配时色彩易给人以一种温和安静感。如果色彩明度、纯度变化不大，则显得沉闷单调，但是明度、纯度拉开层次，即可使色彩产生明快丰富的感觉，例如中黄与柠檬黄；深蓝与淡蓝。

（2）邻近色相组合

色相差异约 15—30 度。邻近色的色彩倾向近似，色调统一和谐，搭配自然，若要产生一定的对比美，则可变化明度和彩度。例如蓝色和紫色。

（3）类似色相组合

色相差异约 30—45 度。类似色相组合搭配，色彩之间的调和较为自然，能产生一定的变化效果，如红色与紫色。

（4）中差色相（稍具不同色相）组合

色相差异约 45—105 度。由于所搭配色彩既不类似也不对比，显得暧昧，如蓝色和紫色。

（5）对比色相组合

色相差异约 105—180 度，由于色彩相处关系接近对比，色彩在整体中分别显示个体力量，具有对立倾向，因此色彩有较强的冷暖感、膨胀感、前进感或收缩感。过于强烈的对比，易产生炫目效果，例如橙与紫。

（6）补色色相组合

色相差异为 180 度。补色对比是色彩关系在个性上的极端体现，是最不协调的关系。补色在视觉心理上能产生强烈的刺激效果，显示出年轻和朝气。运用低纯度、高明度或明度差，能产生相对协调效果。常见的补色关系有红与绿、黄与紫、橙与蓝。

（7）红绿蓝的三色组合

这三种色相的间隔差大，能呈现出活泼、明快、明朗和动感。

2. 以明度变化的色彩搭配

以明度为主的色彩搭配，可分为以下几大类。

（1）大明度差

明度差大的色彩之间的搭配，即明色与暗色的配色方法，产生一种鲜明、醒目、热烈之感，给人以一种丰富的现代节奏感。例如黑与白、深紫与淡蓝等组合。明度性质在配色中的效果常与人的心理联想产生不同的感觉，如宁静、活泼、轻盈、厚重、柔软、清爽等。一般而言，静的感觉体现在明度差小的色彩配置上，动的感觉体现在明度差大的配置上。

（2）中明度差

明度差适中的色彩组合，效果清晰、明快，与明度差大的色彩比较更显柔和、自然，给人以舒适的轻快感，如棕色与黄色、湖蓝与深蓝等。其中可分为明色与中明色的配色，即淡色调与浅色调之间的搭配，常是春夏季的配色；中明色与暗色即灰色调和深色调之间的搭配，与低暗调相比具有明亮感，庄重中呈现出生动的表情，较适合秋冬季的配色。

（3）小明度差

明度差小的色彩搭配，效果略显模糊，视觉缓和，给人以深沉、宁静、舒适、平稳之感。例如暗色与灰色调的组合。

（4）同一明度或极小明度差

同一明度或明度差极小的色彩相互搭配，较大程度降低了视觉冲击力。它能体现出明度特征，依据各明度所能产生的感觉而呈现轻快、明亮、厚实、硬朗的不同感觉。例如浅色与灰白、明亮色调与活泼色调、深色与深灰、暗色与暗色间的搭配组合。

3. 以彩度变化的色彩搭配

以彩度为主的色彩搭配，可分为以下几大类。

（1）大彩度差

给人以艳丽、生动、活泼、刺激等不同感受。例如鲜艳色与黑白灰、鲜艳色与淡色、鲜艳色与中间色等组合。

（2）彩度差适中、彩度适中

给人以饱满、高雅、明快等不同感觉，同时由于所搭配的彩度位置不同，产生强与弱、高雅与朴素等不同视觉效果。可分为两种：强色和中强色配色即鲜明色色调和纯色调搭配，具有较强的华丽感，但还会形成过分刺激的感觉；中强色和弱色即纯色调和灰色调搭配，配色效果沉静中有清晰感。如以冷色调为主，则表现出庄重感；如是暖色调为主，则表现出色彩的柔和丰富感。

（3）彩度差小、彩度小的色彩搭配

能体现各彩度的特征，通过所选择彩度而表现强烈或微弱等不同形象，有时为强调配色而以明度和色相的变化进行搭配。

（4）同一彩度或彩度差极小的色彩搭配

能充分展现各彩度的固有特性，给人以强硬、平静、高贵等不同感觉。例如浅色调与浅色调、亮色与亮色等组合。

4. 无彩色系配色

这是以黑、白、灰等无彩色系的组合，是服装中最为单纯、永恒的色彩，有着合乎时宜、耐人寻味的特色，如果能灵活巧妙地运用组合则能够获得较好的配色效果。无彩色配色具有鲜明、醒目的感觉；中灰色调的中度对比，配色效果有雅致、柔和、含蓄感；而灰色调的弱对比给人一种朦胧、沉重感。

5. 无彩色与有彩色配色

有彩色和无彩色在配色上能产生较好的效果，这是由于它们之间的相互强调与对比，使它们成为矛盾的同一体，既醒目又和谐。通常情况下，高纯度色与无彩色配色，色感跳跃、鲜明，表现出灵活动感；中纯度与无彩色配色表现出的色感较柔和、轻快，突出沉静的个性；低纯度与无彩色配色体现了沉着、文静的色感效果。

6. 以冷暖对比为主的配色

根据色彩给人的冷暖感觉，可分为暖色调的强对比、中对比、弱对比；冷色调的强对比、中对比、弱对比。总体来说，暖色调给人热情、华丽、甜美、外向感；冷色调给人一种冷静、朴素、理智、内向感。

第三节 化妆色彩规律分析

服饰的色彩搭配有规律可循，同样，化妆色彩的搭配也有规律可循。光源、人体色、肤色、个性气质、场合、职业、年龄、性别、受教育程度等的不同，就要求有不同的妆色搭配。

一、化妆色彩与色彩原理

（一）人体色的特征

人与万事万物一样，都是有颜色的，我们说乌黑的头发、白皙的皮肤、暗红色的嘴唇等等。在通常的认识中，以为亚洲人都是黄皮肤、黑头发。

其实，只要稍微留意一下周围的人，就会发现人的皮肤、毛发等的色调是非常不一样的。掌握人体色特征是正确指导每个人选色、用色、配色的依据和原则。

人体色包括肤色、毛发色、唇色、瞳孔色、红晕色等，是每个人与生俱来的，除非特意改变或疾病，正常情况下它会像人的血型、指纹一样，伴随每个人一生。

每个人呈现在外面的颜色是由人体内的色素带来的，它们是核黄素、血红素、黑色素。这些色素按照不同的比例综合作用，造就了世界上的黄、白、棕、黑等不同人种。色素之间的比例因受到每个人特定基因的影响，从一出生就带给每个人，所以每个人都具有与众不同的人体色特征。即使看上去相同的外表，每个人的人体色特征也或多或少有所差别。

在人体色当中，头发色可以任意漂染，唇色、眉毛可以任意描画和纹染，甚至瞳孔色现在也可以用有色的隐形眼镜来改变。只有肤色相对稳定，改变起来不是那么容易，而且在人体色中比例最大，是研究人体色特征的主要参照对象。

（二）人体肤色的色彩学分析

肤色同服饰色一样，也是一种颜色，同样需要研究肤色的冷暖倾向和色调问题。肤色的色相，集中在介于黄色相和红色相之间的橙色区域。每一种特定的肤色色相在橙色相中变化，会呈现出不同的肤色特征，或者偏黄一些，比如棕色、暗驼色、象牙色等；或者偏红一些，比如粉红色、棕红色等。

按感觉的冷暖，分为冷基调肤色、暖基调肤色和介于两者之间的冷暖倾向不明显的中性肤色。

肤色的明度是指肤色的明亮程度。通常我们说“那个人真白”或者“真黑”，或者说肤色的深浅程度，就是指肤色的明度。

肤色的纯度是指肤色的饱和程度，肤色的色调则是由明度和纯度综合作用形成。

二、不同类型的肤色与化妆色彩的搭配

总体上来说，肤色的类型可以分为三大类，各种肤色适和使用不同色调化妆品。第一类型为白皙透明的肤色，具有透明感，经过日晒后容易晒红晒伤，却不容易晒黑。第二类型为中间肤色。这种皮肤也不算特别白，也不会特别黑，肤色偏黄。第三类型为健康的小麦肤色。这种肤色明显可以看出偏黑。日晒后很明显会变黑。以下是不同肤色与化妆颜色的具体分析。

1. 肤色较白

应用中间色彩，最好选用透明的液体粉底，用海绵涂匀后，从颧骨的中央向太阳穴轻扫淡粉色胭脂。避免使用鲜红或棕红色，这两种颜色对白色皮肤来说都过于强烈。眼影以中间色最佳，比较流行的是灰、淡棕及浅棕黄色；眼线应该柔细，以棕、深灰勾画，口红应选中间色调，以红、朱红为宜，切忌使用蓝色系列。同时白皮肤的人还可采用五色睫毛膏，配合无色彩的眼部化妆，更显清秀端庄。

2. 肤色偏黑

略施暗色粉底，眼影用紫色冷调，绿色、蓝色画入，以强调肤色的美感。颊红和口红用大红，使整个妆面充满青春的气息。

3. 肤色偏红

粉底、腮红、口红都用粉红色，眼影用蓝色，以求自然柔和。如果要突出脸部，可先用橙色，然后再配粉红，以显活泼可爱。肤色也可用粉红色粉底，再加上赭色，显得成熟高雅。

4. 肤色偏棕

口红可用橙色，然后再配粉红，显得生动。腮红选橙色，眼影用绿色再加粉红或棕褐色，眉毛用棕褐或浅黑色，能突出人的智慧和个性。

5. 肤色偏黄

粉底采用暖粉系列，腮红选用珊瑚、姜红、砖红；眼影选择褐色、金黄、橄榄绿、

金紫；口红选用橙红、砖红、褐色。

6. 肤色偏青

粉底采用冷粉色系，腮红选择粉红和酒红；眼影选择银粉、银黄、紫色、蓝色和绿色；口红选择粉红、酒红、樱桃红等。

三、化妆色彩的实际搭配应用

（一）眼影的化妆色搭配

眼影是眼部化妆的重要用品，它的种类繁多，包括眼影粉、眼影笔和眼影霜等。化妆眼部时，将眼影涂在眼睛周围，鼻翼两侧，形成阴影，使眼睛产生立体感。

眼影的使用是为了表现眼部立方体结构，同时也能表现整体的化妆风格及韵味。眼影色彩的选择要综合考虑服饰色、发色、肤色、眼睛色以及眼部特点等诸多因素。眼影颜色五彩缤纷、绚烂多彩，有淡棕、棕、绿、蓝、灰、赭、白、紫等，还有的在眼影中，加入适量的金属微粒，能产生金色和银色闪光，只有颜色如此缤纷，才能满足多种肤色人的需求。一般肤色越淡，眼影色越淡。眼影色调除与肤色相称外，还应考虑服装的色泽。蓝色的眼影应配蓝、灰、紫等颜色的服饰；绿色的眼影应配绿、蓝、咖啡、米色和橙色等颜色的服装。

眼影的选择还必须考虑肤质，膏状眼影不会使皮肤显得干燥，如果是油性皮肤则应该选用粉状眼影，即使脸部泛起油光，也不易脱妆。作为娱乐型节目主持人出镜，可以适量使用霜状眼影或珠光眼影，以提升主持人的时尚感，但要注意不要涂抹范围太大，否则易产生肿胀感。同时还要看看自己的肤质是否够光滑细腻，否则霜状和珠状眼影会夸大眼袋、皱纹等，使皮肤看上去皱皱巴巴。

（二）口红的化妆色搭配

口红也叫唇膏。口红的出现时间与粉、胭脂和以黛描眉相比要晚一些。据传汉朝已有口红问世，几千年来，在美容化妆品，口红一直起着支柱作用。它的作用是以面部化妆为基础，而又衬托面部化妆，二者相辅相成。正如古诗所云：“朱唇一点桃花殷”。之所以称为口红，是因为长期以来，虽然它的颜色有深浅不同，但总是以唇之本色——红色为主调。

口红的色泽分为四大基色，分别为大红、宝红、玫瑰红和赭红。还有一种变色口红，外表颜色为橙黄色，也有绿色的，因其含有透明感的黄褐色曙红，其色泽随酸碱度而变化，涂上初期，看不出颜色。由于唇黏膜对酸碱度有调整作用，当它的酸碱度与唇黏膜相同时，便能变成玫瑰红色。

一般而言，化妆选择口红时最保险的方式就是使用与所穿的衣服颜色相匹配的口红。即穿淡色衣服就配以颜色柔和的口红，如所穿的衣服是跳跃的颜色则配以鲜亮色彩的口红。当然也可以根据肤色进行选择，如脸色偏红适用珊瑚红、杏色口红，若搽用偏蓝色调的口红会使皮肤看上去更红。如脸色偏黑，则不要搽橘色口红，而应选用棕色口红。如偏黄的肤色当然要避免再使用黄色系的口红，亮丽的中性色会让你的脸庞熠熠生辉。

（三）腮红的化妆色搭配

腮红是一种很古老的化妆品，有霜质、粉质及水粉两用等类型。其中粉制的腮红适合油性皮肤，它能令脸部展现光彩又不泛油光；霜质腮红较为滋润，能淡化皱纹，适合干燥、老化的皮肤；水粉两用腮红既有霜质腮红的柔润感，又有粉质腮红的清爽感，任何皮肤都可以使用。腮红的使用可以表现皮肤的健康红润，最好选择与口红、眼影相似的颜色，腮红使用得当还可帮助修正脸型。由于东方人面部较平坦，使用腮红时应表现外轮廓略深，向内轮廓渐浅，并最终融化消失，表现面部的立体效果。腮红的颜色应表现在脸颊的最高点。化妆时面对镜子微笑，脸部肌肉隆起，隆起最突出的部位就是搽腮红的中心，以此为中心向外均匀涂抹开来，一定能获得满意的效果。涂腮红时还要看自己的肤色，皮肤白皙的人白天用浅桃红色，皮肤偏黄者可选用咖啡色系的腮红，晚上在灯下，因光线暗淡，可用深一些的，如玫瑰红色。

四、影响化妆色彩的因素

（1）光对我们化妆使用的色彩是有着直接的影响。光源主要分两大类，一种是以太阳光为代表的自然光源；另一种是以各种灯光为代表的人造光源。由于两种光源不同的组成对化妆的浓淡和色彩的柔和度产生直接的影响。比如自然光源的化妆色彩由于光的穿透力很强，把人的面部所有瑕疵都显现出来，因此在化妆品的选择和化妆方法上要特别注意其化妆后的自然与真实的效果。以人造光源进行化妆时，由于其穿透力较弱，人的面部不易看出反差，因而为化妆提供了较广阔的创作空间，用各种手段强调面部结构，大胆运用色彩，即使有些过分，在灯光的照射下，妆面也不会显得抢眼，为晚间的宴会妆、表演化妆、模特演出等妆型提供了较大的创造性空间。另外，对于舞台类化妆，化妆拍摄还要注意到光源的控制，平面光、漫射光、反光、侧光、顶光、背光的不同使用，对化妆效果有着直接的影响。化妆上的黑色、灰色和棕色在各种灯光下，除了在色调上有细微的变化，基本保持不变。

（2）化妆色彩规律还要遵循“TPO”的设计原则，按照不同的时间、地点与环境进行化妆色彩的调和。

（3）化妆色彩还受年龄因素的影响：年龄对女性选用色彩是有很大影响的。对于25岁以下皮肤状态特别好的年轻女性来说，年轻的皮肤状态决定了选色的范围可适当放宽。而对年长的女性来说，如大量使用不适合的色彩会使皮肤问题凸显，全身的协调效果也会较差，因此建议应多使用最佳色彩群。

（4）化妆色彩受脸型、面貌、肤色、发色、身型等因素的影响。如脸型偏大的女性化妆色彩偏暖、偏深、偏重。而脸型偏小的女性妆色宜清淡、偏冷。

（5）妆色受性格因素影响。每个人受家庭背景、教育程度、社会环境等影响，成年以后会形成相对固定的性格，有人外向，有人内向；有人持重严谨，有人平和恬淡；有人爱憎分明；有人宽容随和等。

（6）妆色受个人服饰风格因素的影响。个人服饰风格规律在很大程度上也会影响一个人的选色配色。一般来说，具中性气质风格类型的女性宜采用适合色中偏理性的颜色；而女性气质风格较浓的女性应视场合多选择女性化的颜色。

五、五种不同色调的化妆造型

（一）自然的浅色调化妆方法

浅色调的化妆实际上是一种弱对比色彩搭配。眉毛与肤色、眉毛与眼睛、嘴唇与肤色等等，其色彩之间的关系追求的是一种柔和，反差很小。

在色彩学中，有几种对比规律。

（1）色相对比。所谓色相就是指色彩的“相貌”。指某一色独有而不同于他色的表相特征，如红、橙、黄、绿、青、蓝、紫，就是七种基本的色相。色相对比是不同颜色的对比，如红与绿并列一起时，红色更为鲜艳夺目，绿色更显得青翠，加强了色彩的明亮效果。

（2）明度对比。明度，是指色彩的明暗程度。明度对比是指色彩的明与暗、深与浅、浓与淡的对比，也是黑白对比。色彩的明暗对比规律是互为因果。假如黑白并列，黑色更黑，白色就更白。

（3）色性对比。色性，是指色彩的冷暖性质。色性的对比也就是色彩的冷暖色对比。冷暖两色并置一起，就会产生冷色愈冷、暖色愈暖的感觉。凡是冷色系与暖色系的色彩相互并列在一起时，就会感到彼此增加了色彩的纯度。

（4）纯度的对比。凡是纯度高的色彩，都鲜艳明朗，纯度低的色彩，就显得灰暗混浊。这种色彩的纯与灰的对比，称为纯度比。两者对比的结果会加强或减弱某一颜色的效果。

浅色调的化妆，在这四种对比中，都是一种相近似的弱性对比。比如，眼影和胭脂，眼影、胭脂和唇膏，没有很强的色相对比、没有明显的冷暖对比，在明暗及纯度对比上也不明显。

眉毛依原来的眉形仅做些修饰便可，颜色也要浅。整个妆面的浅色调处理，给人的感觉是青春、纯洁、干净、自然。

（二）稳重的深色调的化妆方法

深色调的化妆是近年来比较流行的一种潮流，尤其倍受年轻女性的喜爱。真正的深色调化妆，应该是深肤色、深眉毛、深眼影、深唇色。但中国人又并不完全接受这种形式，很多人喜欢深色的眼影和唇色，但并不喜爱深肤色。所以，深色调的化妆也并没有固定的模式。颜色的搭配和运用也有一定的灵活性。

（1）粉底采用立体拍打的方式，用深浅粉底塑造立体感强的脸型。打完粉底后。在下眼睑及面颊部多拍一些浅色蜜粉。这样做的目的有两个：第一个目的是保护底色。因为深色调眼影在涂刷的过程中，会有些微的散落，等妆化完以后，将浅色蜜粉用刷子刷掉，这样就不会弄脏脸面；第二个目的是强调结构。额部、鼻子、面颊、下巴的明亮可以使整个脸的立体效果明显。

（2）眼睛是化妆的重点，用深灰色眼影衔接眼线，使眼线有厚度。外眼角的深色眼影衬托了眉毛下部眶上缘的突起结构。上眼睑的灰红色眼影与鼻影自然融合，强调了鼻梁与眼睛的起伏关系。内眼角与鼻影之间，用一点亮色眼影，可以使眼神更明亮；下眼线也可以适当加深，以使上下协调。上下眼线的重点都放在外眼角。

（3）嘴唇的轮廓用深暗的楞色唇线笔勾画，然后涂上深红色唇膏。嘴唇的中央加一点浅红色提亮，以强调唇型的立体美感。

（三）冷色调的化妆方法

不同的色彩可以引起人们对生活的不同联想，在心理上形成某种感觉。如火焰、太阳让人觉得温暖，属于这方面的颜色有红、橙、黄、棕色等。而类似天空、海水、月光一类的颜色，容易使人觉得清冷，属于这方面的颜色有青色、蓝色、绿色、蓝紫、紫灰等。

颜色的冷暖不是绝对的，是相互比较而存在的。有的色块同暖色比就显得冷，同冷色比又感到暖。例如玫瑰红和紫红色，当它们与朱红、橙红、大红并列时，就偏冷色，而与蓝色放在一起时，又显得暖了。因此，色彩的冷暖性质都是在比较中存在的。

（1）在化妆中，十分冷的颜色一般用得不多。因为人的肤色总的来说属于暖性色调，如果蓝色、绿色用得过多，将会使脸部色彩之间的关系很不和谐。因此，冷色调的化妆，是相对暖色调而言的。比如胭脂色，暖色调化妆常常用棕红、砖红等；而用了玫红的胭脂，色彩的性质就相对偏冷了。

（2）眼影的颜色可以与胭脂同色，如玫红、浅玫红等。也可以用紫灰色、蓝灰色等，都会十分好看。

（3）唇色一般用玫红色，色泽的深浅根据妆面的需要。

冷色调的化妆并非人人合适，因为每个人的肤色不一样。紫色、蓝色等冷色调，用在皮肤白皙的脸上效果会很不错。

（四）暖色调的化妆方法

不同的人种有着与生俱来的肤色差异。中国人的皮肤颜色属于黄色调。这种黄色还分为偏白的、偏黑的、偏红的。因此，在化妆时，适用的色调也有好多种。但相对而言，棕色调是使用得比较多的一种，因为这种色调很容易与中国人的皮肤色贴切。

（1）眉毛与眼睛是化妆的重点。用棕色眉笔描画出眉毛的形，然后用眉刷刷匀。眼睛部分的眼影色以深浅不一的棕色渲染：先用浅棕色在上眼睑部位轻轻地刷染，并在下眼线的部位也略加一点浅棕色眼影，然后再在外眼角处用紫棕灰略加点缀，这样会使眼睛有层次、有立体感。

（2）腮红从耳际前向上刷至太阳穴，向下接至下颌角。向前渐淡于颧骨。这样，既协调了整个妆面的颜色，又修饰了脸型。

唇膏色的自由度较大。在棕色调的化妆中，棕红色唇膏会使化妆色彩统一，橙色调有活泼感，朱红也可以搭配。唇色的深浅由化妆的风格来定。

（五）艳色调的化妆方法

用鲜艳的颜色化妆，常用于晚妆。漂亮的晚礼服、高雅的晚礼发型，配上艳丽的化妆，使人光彩夺目。

（1）眼睛是化妆的重点。眼影色的选择要考虑服装的颜色，偏蓝、偏紫、偏红等都可以的。

眼影的涂刷晕染，既要强调结构，又要考虑到色彩的装饰性。

画好眼线和眼影后，装上假睫毛，然后用睫毛膏将真假睫毛刷在一起。

（2）眉毛可以用眉笔描画成形，也可以用眉刷修饰。眉毛周围的散眉要先用工具修清。

（3）鼻梁的两侧用点深于肤色的眼影来衬托鼻梁，颜色要自然一些。如果鼻梁不够高挺，还可以在鼻梁上加一点白色的透明蜜粉。

（4）为了使嘴唇容易上色，并且涂了唇膏之后能保持长久，可以先在嘴唇上涂上粉底，然后勾画轮廓线，再涂上鲜艳的唇膏。

第四节　服饰色彩与化妆色彩搭配

一、服饰色彩与化妆色彩的关系

（一）化妆是服装的一部分，服装包括了化妆

服装是人着装后的一种状态。不仅包括了衣服，服装饰品，还包括了着装的人，当然也就包括了化妆。事实也是如此，当我们在进行服装设计或者着装的时候，不仅会考虑服装本身的美感，也会考虑到着装者本身。如着装者的肤色、五官造型等因素是否与服装搭配。

（二）化妆随着服装的发展变化而变化

最早的化妆，可以追溯至远古先民在身体上涂抹天然的白粉和红土，用于蔽体和保护或是对神的崇拜。后来随着生产力的发展，人类文明的进步，人们学会了纺纱织布，人类从野蛮社会解放出来，用于蔽体、保暖不再是干草、树叶、兽皮，而是织物做成的服装[①]。化妆用品也渐渐的由未经改造的纯天然原料到从矿物质中提炼出的脂、粉等。这就有了真正的化妆与化妆用品的内容，化妆也是以人们对美的追求为主要目的。

虽然，我国是一个历史悠久的文明古国，在历史的进程中，每个朝代都产生了不

① 宠绮．服装色彩．中国轻工业出版社，2001:5.

同的化妆方法和风格。如在商周时期，人们已经学会了用“燕支”来修饰面部。秦朝，已有很多人用红粉涂面，并开始画眉；汉朝，开始普遍面容化。唐朝，在生活化妆方面更有长足的发展。眉形有时兴阔而浓，有时兴淡而细长，在眉目之间还饰有“花钿”。有的妇女在面颊两旁，又用丹青、朱红等颜色点出各种形象，名叫“妆靥”。有的妇女还在额上画“鸦黄”。在面部化妆用色上有白妆和红妆之分。当时在长安还流行“时世妆”，“为啼妆”，还有“飞霞妆”，后来又出现一种“北苑妆”。到了宋朝，面部花钿粘贴的情况比唐朝也不逊色；清朝，旗人少女额上点红色梅妆，用红色口脂点圆唇等等①。

但由于中国古代历史是封建社会生产力缓慢发展的历史，服装的发展十分缓慢，造型及色彩也没有太多的变化，于是化妆及化妆品的变化也不太大，仍停留在胭脂阶段。

近现代随着人们物质、精神生活的提高，服装形态发生了很大的变化。服装品种多种多样，色彩丰富多彩，使得化妆业也开始蓬勃发展，化妆材料数不胜数，化妆技巧千变万化，化妆的应用也越来越普及。

（三）化妆色彩与服装色彩相互协调、互为补充，共同弥补人体美的不足

人的肤色为先天生成，相对固定不变；服装色彩则是后天而来，丰富多彩、千变万化的。服装色彩能起到衬托肤色的作用，化妆品的色彩更能改善人的肤色及五官造型，使人的脸蛋看上去比本来更美。

化妆色彩是相对独立的，但是从服装的整体效果来看，化妆色彩只是服装色彩中的一部分，应把它放到服装色彩中作为一个整体来考虑，可以根据服装色彩的整体协调性进行搭配。粉底、蜜粉、眼影、腮红、唇膏、睫毛膏等都是有色彩的，运用这些不同颜色的化妆品，来改善肤色及修补脸部的造型，并使之与服装色彩协调，而达到整体统一的美感。

服装由造型、色彩和材料三个要素构成，其中色彩因素最醒目，也最为敏感。人们从远到近观察服装，总是先看到服装的色彩。因此，服装的色彩在整个服装中具有重要的意义。化妆色彩除了考虑与肤色的相互协调关系外，更要注重与服装色彩的相互陪衬，化妆色彩与服装色彩配合得好，能够取得整体美的效果。

在日常生活中我们如何运用好化妆色彩与服装色彩，如何遵循色彩规律，处理好化妆色彩与服装色彩之间的明度、色相、纯度三者之间的关系，使它们达到互补、协

① 鲁葵花．美容化妆与发型．中国轻工业出版社，2001:12- 20.

调统一的效果，是我们要不断探讨的问题。

（四）化妆色彩与服装色彩的搭配存在着流行性和季节性

随着人们生活观念的转变，时代的发展，中西文化相应的变化，化妆色彩与服装色彩的搭配方式也在逐步地变化。近几年流行的化妆色彩与服装色彩的搭配方式是较为大胆的“撞色”（对比色）搭配，即选择与服装色彩相对比的化妆色调。追求新潮、时尚、个性的人，选择一些纯度高的化妆色彩与服装对比，给人以明快、大胆之感，对流行具有一定的推动作用。但在日常生活中运用的搭配方式较多的采用化妆色彩与服装色彩的互补型的组合。

在季节上的变化也较为明显，春夏两季化妆色彩与服装色彩的搭配上运用的色彩较为明艳，秋冬两季化妆色彩与服装色彩的搭配上就相对清新、淡雅些。

二、服色、妆色规律与其他因素关系

虽然，天生的色彩属性决定一个人的用色依据。但是每个人并不是只有天生的色彩属性，也有各自不同的生活环境、社会地位、性格气质等后天影响选色配色的因素，这些因素虽不会从根本上改变一个人的最佳的色彩群特征，但在实际的选色配色中，必须加以考虑，从而选出在一定情况下最适合的色彩和搭配方法。

（1）服色、妆色规律与年龄之间的关系：年龄对女性选用色彩是有很大影响的。对于 25 岁以下皮肤状态特别好的年轻女性来说，年轻的皮肤状态决定了选色的范围可适当放宽。因此，除最佳色彩群以外，其他一些本人的嗜好色和流行色都可能会有一定的适用度。而对年长的女性来说，皮肤状态会因生理和环境等原因发生很多变化，失去应有的光泽感和滋润感，这时如大量使用不适合的色彩会使皮肤问题凸显，全身的协调效果也会较差，因此建议应多使用最佳色彩群。

（2）服色、妆色规律与身材之间的关系。就像脸盘小、身材高的模特或演员能驾驭很多的颜色一样。体型越好身材越高的女性驾驭多种甚至不符合自身色彩属性的颜色的可能性越大。这是因为身材越好，人们对其身材的关注度越高，对面部的关注程度越下降。这就是为什么通常欧美女性比亚洲女性驾驭色彩的能力偏强的原因。相反，身材不好或不高挑的女性越应该注意使用自己适合的颜色。

（3）服色、妆色规律与性格之间的关系。每个人受家庭背景、教育程度、社会环境等影响，成年以后会形成相对固定的性格。如性格外向、理性严谨的女士适合使用对比搭配。而性格内向、平和恬淡的女士适合使用渐变搭配。在诊断结果及搭配规律初步得出以后，如发现其性格过于鲜明突出，与搭配规律间反差很大的话，应根据情况在允许的范围内酌情调整。

（4）服色、妆色规律与个人服饰风格规律之间的关系。个人服饰风格规律在很大程度上也会影响一个人的选色配色。一般来说，具中性气质风格类型的女性宜采用适合色中偏理性的颜色；而女性气质风格较浓的女性应视场合多选择女性化的颜色，等等。

（5）服色、妆色规律与社会角色之间的关系。社会角色特指女性在社会中扮演的角色。它往往与其所处的行业、处所的职业、地位等有关，因此，在找到个人的色彩属性后，必须考虑其行业属性、职业属性以及地位属性等综合因素。职业女性在社会中扮演着非常重要的角色，如政府官员、高层管理者以及一些特殊行业等等，她们的共同特点是需要符合这个社会角色所赋予的形象定位。比如一位女士经过诊断是春季型，在一家电子行业中的大公司做高层管理，而且会经常出现在媒体上，要求体现严谨、干练、成熟的大家风范，选色应以带来理性、简练、大气的视觉效果为依据。为适合她的要求，日常工作时应在最佳色中选择中性色为职业套装用色，选择暖色调中的绿、蓝绿、蓝、紫等理性色作为小面积配色；商务宣传或出镜场合时，可选择暖色调中的绿、蓝绿、蓝、紫作为套装用色，用一两件亮金色饰品作为点缀色，对比搭配。

承担的社会角色越重要，就需要越多考虑这个因素。

（6）服色、妆色规律与 TPO 之间的关系。TPO 是 TIME（时间）、PLACE（地点）、OCCASION（情况、条件）的缩写，意指场合着装。生活中的每一天人们都会面临各种场合，因此，每位女性都会有着关于场合着装的需求。一般会用适合自己的颜色与无彩色或中性色进行搭配，采用中弱对比搭配效果；如果场合要求体现严谨庄重，那么一般不采用鲜艳亮丽的颜色，而应选择自己所适合的颜色中偏中性或深一些的颜色，并采用中强对比搭配效果。

总之，必须根据 TPO 着装的要求，注意调整选色及配色的原则，才能真正成为在任何时间、地点、场合都会给人以恰如其分的形象展示的搭配高手。

二、化妆色彩与服饰的协调及日常搭配

服装能弥补人体美的不足，化妆能改善人的肤色及五官的造型，使人的脸蛋看上去比本来更美。但在现实生活中，人们经常发现妆化得很不错，服装也很美，可是整体效果却让人觉得怪怪的，怎么看也不顺眼。很大部分是化妆色彩与服装色彩不搭配

的原因。

化妆色彩与服饰色彩要协调一致、风格统一，因此要掌握一些基本的搭配方式。

1. 着浅色（如粉色系列）的服装，在化妆时色彩应该素雅，与服装的颜色一致。

2. 着深色单一色彩的服装，可选择临近或对比色系的彩妆来搭配，比如着绿色或蓝色服装，可选择对比色系的红色、橙色来搭配。

3. 着黑、灰、白颜色的服装时，可选择鲜艳或深色、无荧光的彩妆来搭配。

4. 着红色系有花纹图案的服装时，可选择图案中的主要色彩或同色系但深浅不同的色彩来搭配。

5. 着有花纹图案的服装，其中主要色彩是蓝、绿色系时，化妆色彩可采用对比或相邻的同色系色彩来搭配。

6. 眼部化妆的色调，可选用与服装相同的颜色或对比色来搭配。

总的来说，化妆色彩与服装色彩的搭配不外乎两种形式。

（一）同类色搭配

选择与服装色彩相同或邻近的化妆色彩。如穿红色系的服装，化装可用偏红的肉色粉底做肤色，可以选用橙色等同类色的眼影，红色或橙色胭脂做腮红，唇膏也选择朱红、玫瑰红等同类色。肤色是冷色调，化妆色彩和服装色彩也为冷色调。肤色为暖色调，化妆色彩和服装色彩亦为暖色。以此达到整体和谐统一的效果。这样的搭配方式较适合于工作和宴会场所，给人柔和、亲切的感觉。

（二）对比色搭配

选择与服装色彩相对比的化妆色彩。若想使化妆色彩或服装色彩有强烈醒目的效果，可选择一些纯度高的化妆色彩与服装对比，如鲜艳的唇红与宝石蓝的服装，翠绿色的眼影与红色系的衣裙，给人以明快、大胆之感。

但色彩明艳的化妆色彩不大适合东方人较扁平的面部结构，尤其生活中的化妆色彩与服装色彩之间更非是那种艳色与艳色的对比，更多适用的是互补型的组合，例如服装艳丽与化妆色彩素雅的对比，服装暗深与化妆色彩明艳的对比。

另外，化妆色彩还应考虑到服装的风格和材质，例如穿着衬衣、牛仔裤等休闲服装，化妆应该轻描淡写，体现轻松自由的气氛。穿着雍容、华贵的礼服才适合浓妆艳抹，求得时尚、鲜明、引人注目和富于变化的效果。

三、化妆色彩与服饰色彩的情境搭配

由于文化背景、生活方式、兴趣爱好、年龄不同，个人对色彩的认识、偏好都存在着很大的差异性。因此，化妆色彩与服装色彩的搭配上就因人而异，不尽相同。

（一）青年人对事物的认识直观丰富多彩，艳丽与深沉、单纯与含羞、浪漫与冷静的色彩并存

从对色彩的关注程度来看，有些青年人对色彩更感兴趣，喜欢尝试不同颜色，在进行色彩选择时对流行色彩情有独钟，敢于追求时髦，成为时尚潮流的带头人，他们可以大胆的选择一些纯度高的化妆色彩与服装色彩对比搭配。还有一部分青年人摈弃了那些亮丽色彩，反而垂青于那些看似平淡、素雅的黑、白、灰、蓝色、褐色等暗色及中性色时，可选取接近肤色的化妆色彩，选择肤色是冷色调，化妆色彩和服装色彩也为冷色调的搭配方式。而多数青年人喜欢素雅的服装色彩搭配，如目前比较时兴的“本色妆”，同样衬托出青春本色与清纯的自然美。

（二）中年人，个性心理与兴趣爱好都趋于成熟，对着装的要求已不同于年轻人的热情与盲从

中年人在化妆色彩与服装色彩的搭配上要注重选择理智的色彩，各种典雅、柔和色系的服装色彩配以相同或邻近的化妆色调，以显示他们成熟的风韵、自信的尊严与持重的气质。

（三）老年人对着装的要求已不再满足于舒适性，化妆也被他们所喜爱

老年人在化妆色彩与服装色彩的搭配上可选用低明度、低纯度的同色搭配方式来流露他们对生活的安逸态度。而有些老年人在化妆色彩和服装色彩的搭配上则求活泼、大胆，化妆色彩和服装色彩亦为暖色的搭配，能焕发青春异彩，有益于心理健康。

总之，化妆与服装是实现人外表美的主要手段，化妆色彩与服装色彩的合理搭配能起到美化人外表的作用。但美是相对的，美的标准也是不确定的，你认为很美，可能他认为很丑，多数人认为很美，个别人则认为是很丑，这是很正常的。掌握化妆色彩与服装色彩的搭配方式，加以灵活地运用，依人的个性而定，依人的爱好而定，依流行色而定，灵活地处理好共性与个性的关系，才能更好地实现化妆色彩与服装色彩的合理搭配。

第四章 人物形象设计与化妆风格

第一节 化妆基础知识

一、化妆概述

（一）化妆的概念

化妆，是运用化妆品和工具，采取合乎规则的步骤和技巧，对人的五官及其他部位进行渲染、描画、整理的过程。化妆的目的是增强立体印象，调整形色，掩饰缺陷，表现神采从而达到美容的效果。妆容能表现出女性独有的天然丽质，使女性焕发风韵，为女性增添魅力。成功的妆容能唤起女性心理和生理上的潜在活力，增强自信心，使人精神焕发，还有助于消除疲劳，延缓衰老。

（二）化妆的作用

1. 美化容颜

人们化妆的直接目的就是美化容颜。人们通过化妆可调整面部皮肤的颜色，改善皮肤的质感，还可以使五官更加生动、传神。例如，描画眉毛可改善眉毛的形态，晕染眼影可使眼睛显得明亮动人，涂抹腮红可使面色显得更加健康等。

2. 保护皮肤

化妆不仅能使人容颜美丽，还可以保护皮肤。例如，防晒霜或粉底可保护皮肤避免被阳光过度照射而受到刺激；面霜可滋润皮肤，使之柔软，增强皮肤弹性；爽肤水具有再次清洁皮肤和补水的作用，可使皮肤保持水润等。

3. 矫正缺陷

世界上没有绝对完美的人，即使天生丽质，也会存在些许不足之处，而使用化妆手段来弥补或矫正面部缺陷是化妆的主要作用之一。

人们在生活中往往会有这样的愿望：如果眼睛再大一点就好了，如果脸看起来小一些就完美了，如果皮肤没有雀斑该多好。这都说明人们对美有着无穷无尽的追求。人们无法选择自己的先天容貌，但后天的修饰可以弥补自身的不足，使自己变得更加漂亮。化妆可通过对“形”与“色”的巧妙运用造成视觉错觉，达到弥补面部缺陷的目的。例如，通过化妆可使扁塌的鼻梁显得立体、使较厚的嘴唇显得薄些、使小眼睛显得大而有神等。

4. 增强自信

随着社会交往的日益频繁，化妆在人们的生活中显得越来越重要。日常交往中，化妆可使人更加活泼、生动；职业活动中，化妆成为尊重他人的原则之一；外事活动中，适度的化妆可以使人更好地代表一家企业甚至一个国家的形象。化妆在为个人增加美感的同时，也大大地增强了人们的自信心。

（三）化妆的目的

化妆不仅是为了使自己变得更加漂亮，还具有更为深层的目的。

1. 社会交往的需要

社会在进步，人们的生活方式在不断地发生改变，社会交际也更加频繁。人们可通过正确的化妆与适当的服饰、发型相搭配，加上良好的修养、优雅的谈吐，使自己更具魅力。

2. 职业活动的需要

如今，化妆已不再局限于舞台，而是进入了人们的职业生活。

职业人员化妆是一种职业规范的要求、职业道德的体现、职业活动的需要。通过人为的修饰，更能反映出新时代的职业风貌。

3. 日常生活的需要

除了生理条件的气质、风度之外，仪容的修饰也是很重要的。化妆不仅能使人的容貌美丽、精神焕发，能使人以愉快的心情投入学习和工作中，而且在公共场合还能起到尊重他人、促进感情交流、增进友谊的作用。

适度的化妆在美化自己的同时体现了对他人的尊重，也体现了个人的教养和内涵。

（四）化妆的特点

化妆服务于生活，以美化人的形象为根本目的，因此化妆主要有以下特点。

1. 因人而异

人的容貌是天生的，每个人都有各自的特点。化妆是以个人的基本条件为基础的，个人的基本条件是选择化妆品和化妆技术手法的决定性因素。例如，皮肤较粗糙的人应选用细腻、遮盖力强的粉底，皮肤较黑的人应避免使用浅色的粉底。另外，不同种族的人的面部形态及肤色都不相同，因此，在用色和化妆手法上也有很大差异。

化妆还要考虑年龄因素。年轻人的皮肤富有弹性，表面光滑，因此施粉要薄，用色要淡；中年人的皮肤弹性开始下降，而且有微细的皱纹出现，皮肤显得黯淡无光，因此在化妆时要注重技巧，以求遮盖皱纹、改变面色等。

除此之外，性格、气质、职业等都是人们在化妆时需要考虑的因素。

2. 因地而异

化妆必须因地而异，同样的妆容在不同场合和照明条件下其效果有很大不同，有时甚至还会产生相反的效果。例如，在光线很强的自然环境下，化妆用色就不能太白或偏红，眉、眼、面颊等部位的修饰要细致柔和，因为在明亮的光线下容易暴露修饰的痕迹；在环境空旷、光线明亮和有大量浅蓝色反射光线的环境中，如红色使用过多，妆容就会变成紫色；在晚上，由于室内是灯光照明，化妆用色可以浓重一些，面部各部位的描画可以适当夸张，特别是在钨丝灯光下，可以大胆用色。

由于地域环境的不同，人的皮肤状况和面部特征也不同，人们应根据这些不同采用相应的化妆色彩及局部描画的方法。例如，气候寒冷地区的人所采用的化妆品及化妆技法对气候炎热地区的人来说就不一定适用。

3. 因时而异

由于不同时代的社会风尚和潮流不同，化妆的形式也千变万化。社会风尚对化妆的影响很大，社会潮流的变化往往会很快反映在发型、妆容和服饰上。同时，人们还有着应对不同环境的化妆需求。例如，结婚的时候需要化新娘妆，参加宴会的时候需要化晚宴妆等。

（五）化妆的原则

若想在各类场合中都展现最完美的一面，就需要在化妆时遵循以下几项原则。

1. 自然真实的原则

化妆要求自然、真实，在不改变自身特点的基础上进行描画。除需要刻画角色的形貌以外，其他的妆容应以自然、真实、协调、不留痕迹为主要原则，职业妆尤为强调此原则。在化妆时要把握好“自然”这个度，将自己的本色美与修饰美有机地结合，使本色美在修饰美的映衬下变得尤为突出。

2. 扬长避短的原则

化妆一方面要突出面部美的部分，使面部显得更加美丽动人；另一方面要遮盖或矫正缺陷及不足的部分。因此，在化妆前，应该对自己的情况进行认真的分析，包括脸型、皮肤特点、五官、头发、身材比例、性格、气质等。

3. 整体格调统一协调的原则

整体格调统一协调的原则在化妆中显得尤为重要。在化妆前，应注意四个方面的统一：一是妆面的设计与发型、服装、配饰的统一；二是面部妆容与职业、气质、性格的统一；三是化妆设计与时间、地点、场合的和谐统一；除此之外，在职业妆的描画过程中，还要注意团队间各成员整体形象的协调统一。

二、常用化妆品

（一）常用基础类化妆品

1. 洁肤类化妆品

洁肤类化妆品是指用于溶解并去除油脂、污垢及其他类型化妆品的洁肤护理用品。洁肤类化妆品包括洗面奶、洁面膏、洁面皂等。

①洗面奶

洗面奶是目前市场上最为流行的洁肤用品，品种繁多。洗面奶是一种不含碱性或含弱碱性的液体软皂。洗面奶利用表面活性剂清洁皮肤，对皮肤无刺激并可在皮肤上留下一层滋润的膜，使皮肤细腻光滑。洗面奶主要用于日常普通洁肤及卸除面部淡妆。按作用分，有收敛型的青瓜洗面奶、柠檬洗面奶、芦荟洗面奶，有营养型的蛋白洗面奶、人参洗面奶、维生素 E 洗面奶等。

②洁面膏

洁面膏泡沫丰富，洗净力强，但其刺激性较强，适用于油性及混合性不敏感的肌肤。

③洁面皂

洁面皂又称美容皂、洁肤皂、滋养皂，其特点是质地细腻紧密，泡沫丰富，去污力强，可用于全身，价格相对较低，是一种使用方便的洁肤品。由于香皂中各种成分含量不同，添加的营养成分也不同，所以又分为普通清洁香皂、透明美容香皂和具有杀菌功能的护肤皂。普通清洁香皂泡沫丰富，含碱量高，去污力强。透明美容香皂质地细腻紧密，比普通香皂温和，含碱量低，并含有保护皮肤的羊毛脂和保湿成分。护肤皂含有能杀菌的药物成分，对暗疮、酒渣鼻等皮肤疾病有较好的杀菌治疗作用。

2. 护肤类化妆品

护肤类化妆品包括爽肤水、乳液、面霜、眼霜、精华素等。

①爽肤水

爽肤水也称紧肤水、化妆水等，有些含有微量的酒精，有些是纯植物配方。爽肤水的作用在于再次清洁以恢复肌肤表面的酸碱值，并调理角质层。

②乳液、面霜

乳液、面霜是基础护肤最重要的一步。乳液、面霜具有良好的润肤作用，也有保湿效果，除此之外，还可以隔离外界干燥的气候，防止肌肤水分过快地流失，避免肌肤干裂、起皮。

③眼霜

眼霜可用来保护眼睛周围比较薄的一层皮肤。眼霜对祛除眼袋、黑眼圈、鱼尾纹等有一定的效用，但是不同种类的眼霜有不同的作用。眼霜的种类很多，从类型上大致可分为眼膜、眼胶、眼部啫喱、眼贴等；从功能上可分为滋润眼霜、紧致眼霜、抗皱眼霜、抗敏眼霜等。

④精华素

精华素含有微量元素、胶原蛋白等营养成分，具有防衰老、抗皱、保湿、美白、祛斑等作用。精华素分水剂和油剂两种。

3. 治疗类化妆品

治疗类化妆品包括祛斑霜、粉刺露、抑汗霜、祛臭粉等。

①祛斑霜

祛斑霜可抑制黑色素的形成，改善皮肤色斑状态，使色斑的颜色变浅，面积变小。

②粉刺露

粉刺露（液、霜）是用于治疗粉刺及痤疮的化妆品，它可使角化细胞的凝聚作用降低、黑头松动，具有杀菌消炎、使皮肤恢复健康的作用。

③抑汗霜

抑汗霜（液、粉）是用于汗腺分泌过于旺盛的皮肤部位的化妆品，有较强的收敛作用。抑汗霜可使皮肤表面的蛋白质凝结，汗腺口膨胀，减少汗液的分泌量。

④祛臭粉

祛臭粉（霜、液）具有杀菌和抑制细菌繁殖的作用，可用于由分泌引起的有体臭的部位，有较强的收敛作用。

（二）常用彩妆类化妆品

常用彩妆类化妆品大体可分为两类：一类是遮瑕类彩妆品，用于化妆前调配肤色与肤质，可以起到遮盖瑕疵、调整肤色的作用，如粉底、蜜粉等；另一类是色彩类彩妆品，用于修饰五官轮廓，使人的形象更加生动，如眼影、眼线、睫毛膏、眉笔、腮红、唇膏、唇线笔等。

1. 遮瑕类彩妆品

（1）粉底

粉底是一种能够增强面部立体感的化妆品，具有很强的修饰性，主要用于打底和修饰肌肤，可以调整肤色，改善肤质，遮盖皮肤瑕疵。

粉底的基本成分是油脂、水分和颜料。油脂和水分可以使皮肤滋润、柔软，并具有一定的弹性；颜料则决定了粉底的颜色。根据粉底所含油脂和水分比例的不同，可以将其分为不同的种类。

①乳液粉底。乳液粉底的油脂含量少，水分含量较多，易涂抹，但遮盖力弱，适用于干性皮肤者和淡妆需要，可分为液体型粉底和湿粉型粉底。

使用方法：用手直接涂抹或用微湿的海绵蘸涂，也可用小号刷子涂抹。

②膏状粉底。膏状粉底的油脂含量较多，具有较强的遮盖力，可使皮肤富有光泽和弹性，适用于面部瑕疵过多者及浓妆需要。

使用方法：用微湿的海绵涂抹。

③遮瑕膏。遮瑕膏是一种特殊的粉底，其成分与膏状粉底相似，质地较干，遮盖力强，适用于局部有瑕疵的皮肤，如斑点、痘印、毛孔粗大、眼袋、黑眼圈等。

使用方法：直接涂抹，再用手指抹匀或用微湿的海绵涂匀。

④抑制色。抑制色具有抑制效果，如常用绿色的抑制色来遮盖偏红及有红血丝的皮肤，用紫色的抑制色来遮盖偏黄的肤色等。

使用方法：用微湿的海绵涂抹。

（2）蜜粉

蜜粉又称散粉或碎粉，通常用于定妆。蜜粉一般在涂完粉底后使用，可使皮肤与粉底结合得更为紧密，并能调和粉底的光亮度，防止脱妆，使肤色健康、红润且更为自然。在选择蜜粉时，一般应选择与粉底色接近色系的蜜粉，粉质要细腻、顺滑、附着性好。

使用方法：先用粉扑将蜜粉拍按在皮肤上，再用掸粉刷掸掉浮粉。

2. 色彩类彩妆品

（1）眼影

用于化眼部周围的妆，运用色与影，使眼睛具有立体感。眼影有粉末状、棒状、膏状、乳液状和铅笔状。眼影的首要作用就是要赋予眼部立体感，并透过色彩的张力，让整个脸庞明媚动人。常用的眼影可分为眼影粉、眼影膏和眼影笔三种。

①眼影粉。眼影粉呈粉块状，粉末细致，色彩丰富，使用方便，可分为珠光和哑光两种。

使用方法：用眼影刷对眼睑进行晕染。

②眼影膏。眼影膏由油脂、蜡和颜料等制成。眼影膏的色泽鲜亮，涂后滋润有光泽，不易干。

使用方法：在涂完粉底后，于定妆前用手指涂抹于眼睑。

③眼影笔。眼影笔的铅芯较软，其外观与眉笔相似。

使用方法：在定妆前直接涂抹，再用手指或眼影刷进行晕染。

（2）眼线饰品

眼线饰品是描画眼线所用的化妆品，用于调整和修饰眼形，使眼部轮廓更鲜明、更富有神采。描画眼线的产品种类较多，主要有眼线液、眼线墨（膏）、眼线笔等。

①眼线液。眼线液呈半流动状，并配有细小的毛刷。眼线液的上色效果好，但操作难度较大。

使用方法：用毛刷蘸眼线液后，沿睫毛根部进行描画。

②眼线墨（膏）。眼线墨（膏）呈块状，晕染层次感强，上色效果好，不易脱妆，可以表现珠光、哑光、金属光泽等质地的不同效果，比眼线液长久、自然，是最长效的眼线产品。

使用方法：用细小的化妆刷蘸水后，蘸取眼线墨（膏），再沿睫毛根部进行描画。

③眼线笔。眼线笔的外形类似铅笔。可使用特制的卷笔刀或小刀去除多余的木质部分，也可改善笔头的粗细。眼线笔芯质地柔软，易于描画，效果自然。

使用方法：眼线应该画在睫毛根部，完成眼线后，用棉棒轻轻晕开，使之呈现模糊感。

（3）睫毛膏

睫毛膏是用于修饰睫毛的化妆品，目的在于使睫毛浓密、纤长、卷翘，以及加深睫毛的颜色。睫毛膏的种类丰富，可分为无色睫毛膏、彩色睫毛膏、加长睫毛膏等多种类型。

使用方法：用睫毛刷蘸取睫毛膏后，从睫毛根部向外涂刷，待睫毛膏完全干后再眨动眼睛，以免弄脏眼部皮肤、破坏妆面。黏在一起的睫毛很难看，如果黏在一起，可以用睫毛刷把它们刷开。

（4）眉笔

眉笔描画眉毛的工具，呈铅笔状或扭管状，其芯质较眼线笔的芯质硬，颜色有黑色、棕色和灰色等。

使用方法：在眉毛上描画，注意力度要均匀，按照眉势循序渐进地描画，要自然、柔和，以体现眉毛的质感。

（5）腮红

腮红是用来修饰面颊的彩妆品。腮红可以矫正脸型，突出面部轮廓，统一面部色调，使肤色更加健康、红润。腮红主要有粉状腮红和膏状腮红两种，而以粉状腮红较为常用。

①粉状腮红。粉状腮红外观呈块状，油脂含量少，色泽鲜艳，使用方便。粉状腮红的适用面广，专业化妆师常用。

使用方法：在定妆之后，用化妆刷将粉状腮红涂于颧骨附近。

②膏状腮红。膏状腮红的外观与膏状粉底相似，可使面颊的颜色自然有光泽，适合干性皮肤者、皮肤衰老者和透明妆需要者。

使用方法：在定妆之前，用手指涂抹均匀。

（6）唇膏

唇膏是所有彩妆品中颜色最丰富的一种。唇膏能加强唇部色彩及立体感，具有改善唇色，调整、滋润及营养唇部的作用。唇膏按其形状可分为棒状唇膏和软膏状唇膏两种。另外，唇膏还包括唇彩。

①棒状唇膏。棒状唇膏易于携带。

使用方法：在专业化妆过程中，棒状唇膏需要用唇刷蘸取，在唇线内均匀涂抹，或者直接涂抹于唇部。

②软膏状唇膏。软膏状唇膏可以随意进行颜色调配，是专业化妆的首选。

使用方法：用唇刷蘸取唇膏，在唇线内均匀涂抹。

③唇彩。唇彩表现为黏稠液体或呈薄体膏状，富含各类高浓度滋润油脂和闪光因

子，质地细腻，光泽柔和，颜色自然，滋润感强。

使用方法：一般可用唇彩内自带毛刷蘸取唇彩，涂于唇上。

（7）唇线笔

唇线笔外形似铅笔，芯质较软，可用于描画唇部的轮廓线。唇线笔配合唇膏使用，可以增强唇部的色彩和立体感。唇线笔的颜色与唇膏的颜色应属同一色系，且略深于唇膏的颜色，以使唇线与唇色协调。

使用方法：根据唇部情况，用唇线笔描画出理想的唇形。

（三）常用彩妆类化妆品的保存

化妆品的质量直接关系到皮肤的健康水平，保存方式不当可导致化妆品被污染或变质。因此，做好彩妆类化妆品的保存不但能延长彩妆产品的使用寿命，更是对皮肤的健康负责。

彩妆类化妆品要放置在避光处，用后一定要把瓶口擦拭干净后再拧紧，粉底液等瓶装产品不可放倒或倒置。无论是使用中的化妆品还是未拆封的化妆品，都应放置在常温、干燥、避免日晒的地方。

长时间不用的换季彩妆类化妆品，可用75%的酒精将瓶口及瓶盖擦拭干净后存放于阴凉干燥处。唇膏、眼影等直接接触皮肤或使用时大面积暴露在空气中的产品，需要刮去已使用过的层面，再盖紧包装后置于阴凉干燥处。

三、化妆用具

化妆用具包括化妆工具和化妆辅助材料。

（一）常用化妆工具

1. 涂粉底和定妆的工具

涂粉底和定妆的工具包括各种形状的粉底海绵、粉扑、掸粉刷（圆头刷、扇形刷）、亮粉刷等。

（1）粉底海绵

粉底海绵质地柔软，容易控制，上粉均匀、服帖。

使用方法：先将海绵浸湿，再挤出多余水分，使其呈潮湿状，然后蘸粉底在皮肤上均匀涂抹。

（2）粉扑

在扑按定妆粉时，粉扑可代替手指直接接触面部，以免破坏妆面。

使用方法：用两个粉扑蘸取适量妆粉后相对揉擦，再将散粉扑按在皮肤上，可将粉扑套在小手指上来使用。

（3）掸粉刷

掸粉刷能扫去脸上多余的浮粉，并完整地保留粉底的原有质地。掸粉刷操作灵活，刷出的底妆薄厚均匀，比用粉扑更柔和、更自然。掸粉刷的使用寿命长，易于清洗和保养。

使用方法：在定妆后用圆头刷的侧面轻轻将浮粉掸去，扇形刷用于掸去下眼睑、嘴角等细小部位的浮粉。切记使用的时候不要用毛尖儿的部分直接戳在脸上，而是要用粉刷毛质的侧面，轻轻地扫在脸上。

（4）亮粉刷

亮粉刷可用于在需要突出的部位涂抹亮色化妆粉，以强调面部的立体感。

使用方法：用亮粉刷将白色或明亮的米白色化妆粉涂于需要提亮的部位。

2. 修饰眼睛的工具

眼睛是心灵的窗户，这决定了眼部的修饰是化妆与形象塑造的重点。修饰眼睛的工具包括眼影刷、眼线刷、美目贴、假睫毛、睫毛夹等。

（1）眼影刷

眼影刷有两种，一种是毛质眼影刷；另一种是海绵棒状眼影刷，两者均可用于晕染眼影，增强眼睛的立体感。两者的不同之处在于海绵棒状眼影刷晕染比毛质眼影刷晕染的力度大、上色多。

使用方法：蘸取眼影粉在上、下眼睑处进行晕染，也可用于塑造鼻部阴影。

（2）眼线刷

眼线刷用于描画眼线，增加眼睛的神采，使眼线笔勾画出来的浓重或生硬的线条变得柔和自然。眼线刷用于化妆的后期调整。

使用方法：蘸取眼线墨（膏）在睫毛根部进行描画。

（3）美目贴

美目贴可改变眼睑的宽度，矫正下垂、松弛的上眼睑，塑造自己想要的眼型。

使用方法：根据自己的需要，将美目贴剪成弧形，贴于眼睑的适当部位。

（4）假睫毛

假睫毛可增加睫毛的浓度和长度，使眼睛更深邃有神。

使用方法：用专用胶水将假睫毛固定在睫毛根部。

（5）睫毛夹

睫毛夹能够使睫毛卷曲并向上翘，塑造弧度。

使用方法：由睫毛根部至梢部依次以强、中、弱的力度施力，将睫毛夹翘。

3. 修饰眉毛的工具

眉毛就像眼睛的“画框”，能够表现脸部的表情，增加脸部的平衡感，强调眼睛的美感。修眉是画眉的基础，而修眉需要用到修饰眉毛的工具。修饰眉毛的工具主要有眉刷、眉梳与眉扫、修眉夹、修眉剪、修眉刀等。

（1）眉刷

眉刷的刷头呈斜面，毛质较眼影刷略硬。

使用方法：用眉刷蘸取眉粉在眉毛上轻扫，以加深眉色。

（2）眉梳与眉扫

眉梳与眉扫各具特点：眉梳的梳齿细密，可梳理眉毛；眉扫可整理眉毛，扫掉眉毛上的毛屑，形同牙刷，毛质粗硬。

使用方法：用眉梳按眉毛生长方向梳顺，用眉扫进行轻扫并整理眉毛。

（3）修眉夹

修眉夹因前端呈斜角，所以连细毛及短毛也能夹得住。

使用方法：用修眉夹夹住眉毛，顺着眉毛的生长方向一根根地拔除。

（4）修眉剪

修眉剪有弯头和直头两种，在剪去多余眉毛的同时，能够更加自如地修整眉毛的形状。

使用方法：用修眉剪剪掉多余的眉毛。

（5）修眉刀

修眉刀可用于修正眉形，使眉毛边缘整齐。

使用方法：修眉前应使皮肤湿润，可涂抹芦荟胶于修剪处，并使修眉刀与皮肤呈45°，进而刮掉多余的眉毛。

4. 修饰面色的工具

轮廓刷和胭脂刷是用于修饰面色的主要工具。

（1）轮廓刷

轮廓刷用于面部外轮廓的修饰，刷毛较长且触感轻柔，顶端呈椭圆形。轮廓刷可以打出脸部的阴影，使脸部轮廓线条更清晰。

使用方法：用轮廓刷蘸取阴影色，涂抹于脸部立体轮廓处，或在需化出凹陷感的部位进行涂抹。

（2）胭脂刷

胭脂刷是晕染腮红的工具，刷毛多而柔软，富有弹性，前端呈圆弧状。

使用方法：用胭脂刷取粉状腮红，由鬓角处沿颧骨向面颊轻扫。

5. 修饰唇的工具

常用于修饰唇的工具为唇刷。修饰唇时，最好选择顶端刷毛较平的唇刷，这种形状的刷子有一定的宽度，刷毛较硬但有一定的弹性，既可以用来描画唇线，又可以用来涂抹全唇。用唇刷修饰可以使唇线轮廓清晰，唇皆色泽均匀。

（二）常用化妆辅助材料

常用的化妆辅助材料有纸巾、棉棒等，主要用于吸收面部油脂、擦拭妆面等。

1. 纸巾

纸巾通常用于净手、擦笔、吸汗及吸去面部多余的油脂，或用于卸妆等。化妆时操作者应选择质地柔软、吸附性强的纸巾。

2. 棉棒

棉棒是化妆时擦净细小部位最理想的用具。例如，操作者在涂眼影、睫毛液等时，常常会因不小心或技术不熟练而弄脏妆面，这时用棉棒进行擦拭可以得到很好的效果。

（三）常用化妆用具的保养

化妆用具不用时要放在专用的化妆箱内并摆放整齐。常用工具要定期进行保养。

（1）除唇刷外的刷子类用具应每两周用洗发露清洁一次。清洁时，在手心处倒一滴洗发露，然后将已经浸湿的粉刷沿顺时针方向搅动手心里的洗发露，随后用温水冲净，并将刷毛按原来的方向整理好，放到毛巾上置于阴凉处晾干，注意不可使用吹风机吹干。

（2）每次用完唇刷后，应用软纸蘸上清洁霜，顺着刷毛将唇刷擦拭干净，这样既可以保持唇刷的卫生，又可以保证在使用时不会使唇膏混色。

（3）粉扑的最佳清洗时间为两天一次。清洗时，在粉扑上滴一滴洗发露，然后在手掌心上沿顺时针方向揉压，最后用温水冲净，拧后置于阴凉处晾干。

（4）睫毛夹使用后，要用面巾纸擦拭橡皮垫，特别是在涂完睫毛膏后使用睫毛夹时更要将其清洁干净。睫毛夹的金属部分要用柔软的布擦拭干净，以免生锈。

四、与化妆相关的面部知识

化妆是运用化妆技巧和化妆材料对不同的脸型进行修饰美化，使之接近和符合美的要求的技巧。化妆最主要的目的是将人美观的部位突出，而将稍有欠缺的部位遮掩，因此掌握面部结构知识至关重要。很少有人天生就一副完美无瑕的面孔：有的人一只眼睛大，一只眼睛小；有的人眉毛长短粗细不一。一般来说，人们总会留意面部的整体，而不是特别注意某一部分，因此这些面部特征不容易被人察觉。个体一般都能够清楚自己面部的不和谐元素，因而希望借助化妆来弥补这些不足。因此，正确了解面部的生理结构，发现脸部不同部位的优缺点，就能在化妆时有的放矢，从而塑造出美好的形象。

（一）面部结构组成

对人的面部结构进行了解是美容化妆的基础环节。在学习矫正化妆之前，人们必须熟悉面部的基本部位及其名称，掌握基本部位的特点，才能够有针对性地美容化妆。

人的面部结构可分为以下几个部分：

（1）眉毛。眉毛包括眉头、眉腰、眉峰、眉梢。

（2）眼睛。眼睛包括上眼线、上眼睑、内眼角、外眼角、下眼睑、下眼线、眼窝。

（3）鼻部。鼻部包括鼻根、鼻背、鼻梁、鼻翼、鼻尖。

（4）嘴唇。嘴唇包括唇角、上唇、下唇、唇峰。

（二）标准面型结构的比例

1. 面部标准比例

在生活中，人们常会有这样的感觉，有些人的五官看上去虽然比较普通，但是整体看起来却很有风采，这是因为人的面貌是一个整体，相互间的比例在很大程度上决定着人体的外观美感。

标准的脸型是鹅蛋脸，鹅蛋脸线条弧度流畅，整体轮廓均匀，额头宽窄适中，与下半部平衡均匀，颧骨中部最宽，下巴呈圆弧形。

2. “三庭五眼”

在中国古代绘画作品中，对人的面部五官比例的描绘有“三庭五眼”的要求，这对面部美容化妆有重要的参考价值。“三庭五眼”的比例很合乎中国人面部五官外形的一般规律。

所谓“三庭”，是指脸的长度比例，它把前发际线到下颌分为三等分：前发际线至眉毛为一庭，眉毛至鼻底为一庭，鼻底至下颌为一庭，它们各占脸长的1/3。所谓“五眼”，是指脸的宽度比例，它以眼睛为标准，把面部分为五等宽：两眼的内眼角之间的距离是一只眼睛的宽度，两眼的外眼角延伸到耳孔的距离也是一只眼睛的宽度。

（1）三点线。三点线是指由眉头、内眼角和鼻翼这三点构成的一条垂直的线。在修饰眉头或画眼线时，三点一线的概念非常重要。人们可从“三庭五眼”的比例中找出自己内眼角应在的位置，再用向上的垂线找到眉头的所在位置，然后依据向下的垂线找出自己鼻翼的宽窄距离，这可以使自己对妆面的修饰更加准确。

（2）眉的长度与眉峰。鼻翼至外眼角固定斜线的延伸处的长度即标准眉形长度。沿眼球外侧缘所作的垂直线向上与眉的交点处为标准的眉峰位置。

（3）嘴的大小。在面部修饰中，嘴的大小很重要，要根据个体的脸的大小与形状来进行修饰。例如，大脸不适合画小嘴，而小脸也不适合画大嘴。因此，要想使面部和谐，可以用作垂直线的方法找出适合的嘴唇长度。

（三）头面部形态特征的差异

在化妆前，个体要了解自己的头面部基本形态特征，这样才能确定化妆的重点和尺度。头面部形态特征的差异主要源于人种、性别、年龄、个体特征、脸型等的不同。

1. 人种的差异

人种是世界人类种族的简称，是指在一定的区域内，在历史上所形成的、在体质上具有某些共同遗传性状的人群。人种不同，人的肤色、发色、发质、脸型、头型等也不同。

（1）黄色人种。黄色人种的头为圆形，颌微凸，颧骨较高且横凸，鼻梁较塌，眼眉间距较大，嘴唇厚度适中，发质硬直，发色黑亮。

（2）白色人种。白色人种的头多呈长形，颧骨小且不横凸，鼻梁挺而直，呈弯钩形，嘴唇较薄，眼眉间距较小，发质松软，发色多为金黄色。

（3）黑色人种。黑色人种的头多呈长方形，鼻平扁，颌显凸，嘴唇较宽厚，发质卷曲，多呈螺旋状，发色为黑色。

2. 性别与年龄的差异

人的头面部形态特征可因性别与年龄的不同而有所不同。

男性的头部趋于方正，骨骼、肌肉的起伏大，额部向后倾斜；女性的头部较为圆润，下颌稍尖，骨骼、肌肉起伏小，额部较平。

老年人牙齿脱落，牙床凹陷，唇收缩，颌部凸出；幼儿的下颌尚未发育完全，颌部内收，脑颅部较大。

3. 个体特征的差异

人的个体特征的差异主要表现在五官的差异上，人与人的眉、眼、鼻、唇、耳的大小都有所不同。

4. 脸型的差异

脸型即面部的轮廓线，指平视面部正面时，发际线以下的全脸边缘造型线。一般来说，人的脸型包括以下几种。

（1）椭圆脸。椭圆脸又称鹅蛋脸，是最均匀、最理想的脸型，整体脸部宽度适中，从额部面颊到下巴线条修长秀气，脸型如倒置的鹅蛋。鹅蛋形脸被视为最理想的脸型，也是化妆师用来矫正其他脸型的依据。但相对于现代人来讲，稍显欠缺个性。

（2）圆脸。圆脸的特点是额头、颧骨、下颌的宽度基本相同，从正面看，脸短颊圆，额骨结构不明显，外轮廓从整体上看似圆形。圆脸型给人以可爱、明朗、活泼和平易近人的印象，看上去会比实际年龄小。

（3）方脸。方脸是一种常见的脸型。方脸的特点是额头、颧骨、下颌的宽度基本相同，下巴较短，使脸看起来四四方方的。与圆脸不同之处在于下颚横宽，线条平直、有力。方形脸给人以坚毅、刚强、堂堂正正的印象。

（4）长方脸。长方脸是指比较瘦长，额头、颧骨、下颌的宽度基本相同，但脸宽小于脸长的 2/3 的脸型。此种脸型宽度较窄，显得瘦削而长，发际线接近水平且额头高，而颊线条较直，额部突出，棱角分明。

（5）倒三角脸。倒三角脸的人，眼睛、眉毛、额头所在的脸的上半部分比较宽，从脸颊开始慢慢窄下去，下巴比较尖，是一种现代美人脸。倒三角脸的发际线大都呈水平状，有些人在额头发际处会有“尖状”的“美人尖”。

（6）菱形脸。菱形脸又称杏仁脸，菱形脸的人的颧骨较高，有立体感，面部一般较为清瘦，颧骨突出，尖下颚。菱形脸的额头发际线较窄，面部较有立体感，脸上无赘肉，显得机敏、理智，给人以冷漠、清高、神经质的印象。

第二节 化妆基本方法

一、基底化妆概述

（一）基底化妆的重要性

人的面色主要通过涂粉底来完成修饰。人的面部皮肤由于遗传、健康和环境等因素的影响，或多或少都会出现一些问题，如面色晦暗、偏黄、有瑕疵或局部有血丝、过红等。人们通过涂抹粉底可以遮盖这些瑕疵，调和肤色，改善面部皮肤质地，使面部显得健康、光洁、细腻。俗话说“一白遮百丑”，可见面色对容貌的美化十分重要。

（二）基底化妆的注意事项

要想涂好粉底，就应注意以下几点。

1. 粉底的颜色要与肤色相接近

粉底除需质地细腻、性质温和之外，最重要的是要注意颜色的选择。选择粉底颜色的基本原则是粉底的颜色要与肤色相接近。过白的粉底会给人“假”的感觉，像戴着一个面具，无法产生美感；粉底颜色过深会使皮肤显得黯淡，也得不到好的修饰效果。因此，只有使用与肤色相近颜色的粉底，才能在美化肤色的同时尽显自然本色。

2. 根据妆型的需要来选择粉底

除根据肤色选择粉底外，人们还要根据妆型的需要来选择粉底。在自然光下，应选择比肤色稍深一些的粉底，这样会使妆面显得自然，不易暴露化妆痕迹。化浓妆时，选择粉底的随意性较强。因为需要浓妆展示的场景允许妆容适度夸张，故可根据化妆造型设计的特殊需要选择粉底。例如，新娘妆原本是浓妆，但为了表现新娘的喜悦与娇羞，常选用淡粉色的粉底。

3. 不同部位选择不同色调的粉底

人的面部起伏变化，受光程度不同。为了使面部更具立体感，在修饰面部肤色时，不同的部位要选择不同色调的粉底。

（1）基础底色。基础底色具有统一皮肤色调的作用，它可使皮肤外观具有透明感及光泽感。基础底色的选择非常重要，通常选择接近肤色的基础底色，从而表现皮肤的天然质感。

（2）高光色。高光色浅于基础底色，具有让局部产生开阔、鼓凸的作用。高光色主要应用在鼻梁、下眼睑、前额、下颌等需要凸显和提亮的部分。需要注意的是，高光色在分界处要晕染得自然。

（3）阴影色。使用阴影色的目的是制造阴影，阴影色具有收缩、后退和凹陷的作用。利用阴影色可使扁平的面部有立体感，一般用于脸部外轮廓的修饰。需要注意的是，阴影色和底色的分界处要过渡自然。同时，阴影色可作鼻侧影使用，采用部分实施的手法进行晕染。

阴影色要比基础底色暗三度或四度，可根据肤色的深浅、妆面的浓淡程度来选择深咖啡色或浅咖啡色作为阴影色。

（4）抑制色。抑制色是具有抑制效果的粉底，常用色有紫色、绿色，用于偏黄、偏红的皮肤。抑制色因其特殊作用而独立于其他化妆品，应该在施粉底前使用。

①觉得肤色不均时，可以使用“肤色”饰底乳来均匀肤色。

②惨白无气色的肌肤，用“粉红或杏桃色”可增加脸色红润。

③脸蛋显得泛黄时，“蓝或紫色”是让肌肤白皙透明的最佳选择。

④“黄色”饰底乳具有遮盖黑眼圈或小斑点、痘疤的功效。

⑤痘痘肌或鼻翼两侧，可使用“绿色”来调和泛红的肤色。

（5）颊加强色。颊加强色是腮红的一种，颜色较深，可用于创造健康红润肌肤的颜色。施用少量颊加强色、扑上化妆粉后，脸色会显得更加自然、充满活力。

（6）遮瑕膏。遮瑕膏的质地比普通膏状粉底质感稠密，能将雀斑、暗疮、印痕、红血丝等有瑕疵的部分进行遮盖，使肤色统一、均匀。

二、基底化妆的步骤、方法及注意事项

（一）基底化妆的步骤和方法

1. 化妆前准备

（1）洁肤。洁肤即用洁肤类化妆品清洁皮肤。皮肤在妆前要保持清爽、柔滑的良好状态，使之更容易上妆。

操作方式为用温水将脸打湿，然后将适量洗面奶或洗脸皂涂于手心，摩擦起沫后，用手指在面部打圈进行清洁，清洁时应逐个部位、按顺序进行。一般面部清洁的顺序是：

额头—眼周—面颊—下颌—嘴部—鼻部。清洁后，先用纸巾将面部的洗脸皂或洗面奶擦净，然后再用湿面片或湿毛巾将面部擦拭干净，再用干净的水清洗后擦干。

（2）护肤。护肤即涂抹护肤类化妆品，以保护、滋润皮肤。化妆前的润肤对保护皮肤有着很重要的作用。润肤是指在清洁后的皮肤上涂抹与肤质相适应的营养液和润肤霜，也可在妆前敷用妆前面膜，使皮肤得到滋润，进一步体现健康、润泽的肤质，并使其易于上妆。润肤后涂抹隔离霜，既可以调整肤色，又可消除化妆品对皮肤的影响，在皮肤和化妆品之间筑起一道安全防线。

2. 涂粉底

粉底是妆容的基础。根据肤色的不同，所选择粉底的颜色也不同，一般可选择比自身肤色暗一个色号的粉底。

（1）涂抹粉底的要求

①粉底色要与肤色协调。

②粉底的质感要与皮肤性质、季节、妆型特点协调。

③深浅粉底搭配要连接自然，不能有明显的痕迹。

④粉底要涂抹均匀，薄厚适当，有整体效果。

⑤与面部相连接裸露的部分，如颈、胸、肩、背、手臂都应涂敷粉底。

（2）涂抹粉底的方式。涂抹粉底的方式有很多种，可直接用手涂抹，也可用粉扑或粉底刷进行涂抹。

①直接用双手涂抹是最方便的粉底涂抹方式，容易掌控力度，但也容易留下指纹，在眼底、下巴和鼻翼等细节处容易涂抹不均，此外手温还会影响粉底质地。

②使用海绵粉扑涂抹粉底操作简单，上粉均匀、服帖，但因粉扑会吸收过多粉底而造成浪费，且粉扑使用寿命短，须定期更换。

③使用粉底刷涂抹能完整地保留粉底的原有质地，其操作灵活，且刷出的底妆薄厚均匀，粉底刷使用寿命长，易于清洗和保养。使用粉底刷涂抹粉底的缺点是粉底刷携带不方便，且需要多加练习才能掌握使用技巧。

选择使用何种方法涂抹粉底，可根据自己的实际情况决定。

（3）涂抹粉底的手法

①点法。涂抹粉底时先把粉底按照从上至下、从中间向两边，以打点的方式涂于面部。

②擦法。粉底点完后用粉扑或美容指指腹由上往下、由内向外轻擦。

③压法。粉底擦均匀后，用洁净海绵从面颊起进行全脸按压，将过剩的粉底、油脂吸走，使粉底和皮肤的亲和性加强，着色效果更好，使肤色更自然，避免“浮”的感觉，并使底色保持时间更长。

④推法。推法适用于对特殊部位如鼻唇沟的涂抹。

（4）涂抹粉底的方法

用潮湿的海绵蘸粉底，用拍擦的方法将粉底均匀地涂抹于皮肤上。

①沿脸颊内侧到外侧的方向涂抹，涂抹完脸颊上中下三区。

②从左右眼头与鼻翼的 C 字区涂到上眼窝与眉骨下方区域。

③从眉心开始往上涂抹，以放射状擦完整个额头部分。

④从眉心向鼻子方向擦，不要漏掉鼻尖到人中的小地方。

⑤从左到右，在下巴与人中部位涂抹。

⑥再将粉扑对折，用尖角部位擦嘴角四周与下睫毛下方的眼袋区域。

（5）特殊皮肤的粉底涂抹

①皮肤敏感者应用指腹涂抹粉底，以避免海绵对皮肤的刺激。

②毛孔粗大、皮肤粗糙者应先用浅色粉底涂抹一遍，再用接近肤色的粉底涂抹

③皮肤发红者应先用浅绿色或浅蓝色粉底涂抹发红的部位，再用接近肤色的粉底涂抹

④有色斑的皮肤应先用遮瑕膏涂抹在色斑部位，再涂抹接近肤色的粉底。

⑤枯黄的皮肤应用粉红色的粉底涂抹，使皮肤显得红润。

⑥较黑的皮肤要选择浅咖啡色或深土色的粉底进行涂抹，防止肤色与粉底反差太大而显得不自然。

3. 涂高光色和阴影色

（1）涂高光色。高光色用在需要提亮的部位，如在鼻梁、额头、下颌等处，用点拍的手法进行提亮。

（2）涂阴影色。用平涂的手法在脸的外轮廓进行阴影色的晕染。

4. 涂定妆粉

定妆就是用蜜粉将涂好的粉底进行固定，以防因皮肤分泌油脂和汗液引起脱妆。定妆粉可起到柔和妆面和固定底色的作用，涂抹定妆粉是保持妆面干净及底色效果持久的关键步骤。

（1）定妆粉根据质量分类

①重质定妆粉。重质定妆粉颗粒较粗，适用于毛孔粗大的皮肤。

②轻质定妆粉。轻质定妆粉颗粒较细，适用于毛孔小、肤质细腻的皮肤。

（2）定妆粉根据颜色分类

①象牙白定妆粉。象牙白定妆粉适用于肤色或底色较白者。

②紫色定妆粉。紫色定妆粉适用于肤色或底色偏黄者。

③绿色定妆粉。绿色定妆粉适用于肤色或底色偏红者

④橘色定妆粉。橘色定妆粉适合在暖色光源下使用，还可用于晚妆定妆，可使皮肤显得自然、红润。

⑤粉色定妆粉。粉色定妆粉可以增加皮肤的质感，使面色显得红润，适用于新娘妆、青年妆等。

⑥蓝色定妆粉。蓝色定妆粉适合脸上有雀斑的人选用，具有良好的转移效果，在眼睛下方与整个脸部刷上薄薄一层蓝色蜜粉，可以让脸部更立体。

⑦无色散粉。无色散粉的特点是用后不改变底色，易与粉底融为一体，主要用于定妆。

⑧珠光散粉。珠光散粉分有色和无色两种，适用于皮肤凹凸不平或者脸鼓的人。珠光散粉可以体现皮肤的质感，使皮肤有光泽。

（3）涂抹定妆粉的步骤

①用一个或两个粉扑蘸上散粉后，相对揉搓，使散粉在粉扑中均匀地揉开。

②把粉扑按或压于面部，嘴和眼睛周围的散粉应略少，暗影处的散粉可略多。

③用大号粉刷把多余的散粉刷掉。

（4）涂抹定妆粉的注意事项

①定妆时，不可用粉扑在妆面上来回摩擦，以免破坏妆面。

②防止脱妆的关键在于鼻部、唇部及眼部周围，这些部位要小心定妆。

③用掸粉刷掸掉多余的蜜粉时，动作要轻，以免破坏妆面。

④定妆粉是帮助妆容持久、不易泛油光的重要步骤，但是毕竟是粉质的，上妆后，很容易变成“面粉脸”，特别是和亲密的人接近的时候，一下子就会被注意到脸上都是粉。所以一定要注意使用时量的控制。

（二）基底化妆的注意事项

（1）底色要涂抹均匀，所谓的均匀并不是指面部各部位底色薄厚一致，而是根

据面部的结构特点，在转折的部位随着粉底量的减少而制造出朦胧感，从而强调面部的立体感。

（2）各部位衔接要自然，不能有明显的分界线。在鼻翼两侧、下眼睑、唇部周围等海绵难以深入的细小部位可用手指进行调整。

（3）阴影色、高光色的位置应根据具体的面部特征而有所变化。

（4）定妆要牢固，扑粉要均匀，在易脱妆的部位可进行二次定妆。

三、眉形的勾画与修饰

眉毛，是指人体面部位于眼睛上方的毛发，对眼睛有保护作用，有一定的生长周期，会自然脱落。它也是人脸部美的重要组成部分。眉的修饰对矫正脸型缺点、强调眼部的立体感起着重要的作用。

（一）眉毛的构造

眉毛起自眼眶的内上角，沿眼眶上缘向外呈弧形至眼眶外上角。靠近鼻根部的内侧端称眉头，外侧端称眉梢，外高点称眉峰，眉头与眉峰之间的部分称眉腰。

眉头部位的眉毛斜向外上方生长。从眉腰处开始，眉毛分上下两列生长，上列眉毛斜向下方生长，下列眉毛斜向上方生长。眉峰至眉梢部位的毛发细而稀疏，中间部位的毛发较粗而致密，使眉毛的疏密状态为两头淡中间浓。画眉时一定要遵循眉毛的浓淡变化规律，这样才能使眉毛显得生动。

（二）标准眉形

这里所谓的“标准”，主要是对眉毛而言的，不存在与其他部位的相对关系。标准眉形应符合以下条件：

（1）眉头与内眼角应在一条直线上。

（2）眉尾的长度是从鼻翼拉一条呈 45° 角的斜线，穿过眼尾，眉尾长至此斜线相接为宜。

（3）将眉毛分为 3 等分，在 2/3 的部位再向眉头移少许，就是眉峰的位置，但眉峰最好不要有角度。

（4）眉头与眉尾几乎成水平线，但眉尾可略高些。

（三）修眉

1. 修眉的步骤

（1）正向面对镜子，将笔刷平放在两眉上方，检查两边眉峰的高度，如果两边高度差超过 0.3cm，才需要修眉峰；尤其是初学修眉，不建议修整眉峰，会很容易破坏掉完整眉形。

（2）先将眉眼间的大范围杂毛用安全剃刀剃除。

（3）用镊子拔除靠近眉毛处的细小杂毛，拔的时候要夹紧根部，顺向拔起。注意只要慢慢拔除边缘的杂毛即可，拔太多会让眉毛产生空隙。

（4）利用眉梳或眉刷，由眉头向眉峰的位置，将眉毛梳顺。

（5）眉峰到眉尾的眉毛则要往下梳。

（6）利用弯形剪刀，把梳整过后的眉毛边缘修剪出整齐的弧线。

（7）如果眉毛太长，可用钢梳将眉毛挑起后剪短。

2. 修眉的方法

根据修眉所使用工具的不同，修眉的方法也有所不同。一般来说，主要有 3 种修眉方法，即拔眉法、剃眉法和剪眉法。

（1）拔眉法。拔眉法是指用眉钳将多余的眉毛连根拔除的方法。操作前可用温热的毛巾在清洁过的眉毛处热敷片刻，以软化皮肤，扩张毛孔，减轻拔眉时的疼痛感。

操作时用食指和中指将眉部皮肤绷紧，以免眉钳夹到皮肤，再顺着眉毛生长的方向一根根地拔。如果逆着眉毛的生长方向拔会增加疼痛感。拔眉的上下顺序不必强求，可以先上后下，也可先下后上。但应注意的是，拔眉时要一点一点、有秩序地进行，这样不仅速度快，而且眉形容易修得整齐，切不可东一根西一根地乱拔。

拔眉法的特点是修过的地方很干净，眉毛再生速度慢，眉形的保持时间相对较长；不足的是拔眉时有轻微的疼痛感，长期用此法修眉会损伤眉毛的生长系统，皮肤也会变松弛。

（2）剃眉法。剃眉法是指利用修眉刀将多余的眉毛剃除的方法。用修眉刀的刀片贴紧皮肤滑动，以将眉毛根切断。在操作时应特别小心。因为修眉刀非常锋利，若使用不当会割伤皮肤。正确的操作方法是：用一只手将皮肤绷紧，另一只手的拇指和食指固定刀身，修眉刀与皮肤呈 45° 角，在皮肤上轻轻滑动，将眉毛根切断。

剃眉法的特点是修眉速度快，无疼痛感，但剃过的部位不如拔眉显得干净，而且眉毛再生速度快，眉形保持时间短。

（3）剪眉法。剪眉法是用眉剪将杂乱或下垂的眉毛剪掉，使眉形显得整齐的方法。操作时先将整条眉毛用眉刷理顺，然后再用眉剪将多余的部分剪掉。剪眉法一般配合以上两种方法使用，适合眉毛生长方向比较乱或眉毛太长者。

（四）画眉

眉毛的形状、色调可展示人的个性和情绪，并能修饰脸型，同时也是区别妆型的重要因素。

1. 画眉的作用

（1）强调个性，表现妆型特点。

（2）弥补眉毛自身生长的不足，完善眉形。

（3）调整脸型，调整眉与眼的距离

2. 画眉的要求

（1）眉形要与脸型、个性协调。

（2）眉色要与肤色、妆型协调。

（3）眉毛的描画要虚实相映，左右对称

3. 眉的描画步骤及方法

（1）眉腰—眉峰。顺着眉毛的生长方向描画至眉峰处，形成上扬的弧线。

（2）眉峰—眉梢。顺着眉毛的生长方向斜向下画至眉梢，形成下降的弧线。

（3）眉腰—眉头。用眉刷刷眉，使其柔和，并使眉腰与眉头衔接。

4. 眉形的选择

（1）常见眉形。常见眉形有柳叶眉、拱形眉、上挑眉和平直眉等。

（2）眉形的择原则。眉形的多样化使眉毛富于变化和表现力。眉形的选择对眉毛的修饰和美化非常重要。在选择眉形时，要注意以下几点：

①根据眉毛的自然生长条件来确定眉形。对于较粗、较重的眉毛，造型设计余地大，可通过修眉形成多种眉形；较细、较浅的眉毛在造型时有一定的局限性，只能根据自身条件进行修饰，否则会给人失真、生硬的感觉。眉毛是由眉棱支撑的，眉毛自然生长的弧度是由眉棱的弧度决定的。因此，在设计眉形时，要考虑眉棱的弧度，若调整幅度过大，会显得不协调，不仅不能增加美感，反而会影响妆面的整体效果。

②根据脸型选择眉形。眉毛是面部可以通过大幅修饰而改变形状的部位，因而对脸型有一定的矫正作用。

③根据个人喜好选择眉形，以充分展现个人的性格和内在气质。

四、眼部的化妆修饰

眼部是面部表情最为丰富的地方。想让双眸大而清澈，散发诱人魅力，需要较高超的眼部化妆技术。

（一）眼部结构

眼睛是人体的视觉器官，眼球前方覆有上眼睑和下眼睑两部分，其间为睑裂。下眼睑的皮肤内侧有一条细的皱襞称下眼睑沟，人到老年时，皮肤松弛，眼睑沟明显。上眼睑的皮肤在睁眼时会形成一条皱襞，这条皱襞称为重睑，又称上睑皱褶，即“双眼皮”，没有重睑者则为“单眼皮”。眼眶上缘与眼球之间为上眼睑沟。上、下睑缘相连形成两个眼角，内侧角圆钝，称为内眼角；外侧角呈锐角，称为外眼角。

上眼睑可以覆盖在半个眼球体上，眼部化妆要以其为依据，充分体现眼部的转折与结构。

（二）眼影的晕染

1. 眼影晕染的作用

眼影的晕染可强调和调整眼部的凹凸结构，赋予眼部立体感，并透过色彩的张力，让整个脸庞明媚动人。

2. 眼影晕染的要求

（1）眼影色要与妆型、服饰色相协调

（2）眼影晕染的形态要符合眼形的要求。

（3）色彩过渡要柔和，多色眼影搭配时要丰富而不混浊。

3. 眼影晕染的位置

晕染眼影时要先确定晕染位置，根据需要可将眼影局部或全部覆盖于上眼睑，晕染时要与眉毛有一定的空隙，眉梢下的地方空出不晕染或进行提亮。

有时下眼睑也要晕染眼影，晕染位置在下睫毛根的边缘，晕染面积要小，眼影用量要少，使用小号眼影刷晕染出外粗内细的效果即可。

4. 眼影晕染的方法

眼影的涂抹主要是通过晕染的手法来完成。也就是说，在画眼影时颜色不能成块状堆积在眼睑上，而是要呈现出一种深浅变化，这样才会显得自然、柔和。通常，眼影的晕染有两种方法，即立体晕染和水平晕染。

（1）立体晕染。立体晕染是指按素描绘画的方法晕染眼影，将深暗色涂于眼部的凹陷处，将浅亮色涂于眼部的凸出部位。暗色与亮色的晕染要衔接自然，明暗过渡要合理。立体晕染的最大特点是可通过色彩的明暗变化来表现眼部的立体结构。

（2）水平晕染。水平晕染是在睫毛根部涂抹眼影，并向上晕涂，越向上越淡，色彩呈现出由深到浅的渐变。水平晕染的特点是通过表现色彩的变化来美化眼睛。

立体晕染和水平晕染这两种方法没有绝对的界线，立体晕染中也常常包含表现色彩变化的内容，而水平晕染中也常常要估计到眼部凹凸结构的因素，只是它们所表现的侧重点有所不同。

5. 眼影的色彩搭配

（1）单色眼影晕染。单色眼影化妆应有浓有淡，有深浅变化。用单色眼影化妆比较自然，但容易显得单调。

（2）双色眼影晕染。

①类似色搭配（深浅搭配）。类似色是指两种颜色含有共同的色彩成分，如淡紫红和深紫红，这种色彩搭配对比弱，比较柔和、和谐，适合淡妆。操作时宜先用浅色晕染，再用深色作为强调色。

②明暗色彩搭配。明暗色彩搭配可强调眼部的凹凸结构，常用于晚妆及人造光源的场合。

③冷暖色彩搭配。冷暖色彩搭配可产生强烈、炫目的对比效果，常用于浓妆、彩妆、舞台妆。这种色彩搭配要掌握好纯度比。

④三色搭配法。三色搭配法又称 1/3 化妆法，即将上眼睑分成三部分，中间用亮色，其他色彩可采用冷暖、深浅对比。三色搭配法适合上眼睑较宽、用色余地大的眼部妆。

（三）眼线的勾画

眼线在日常生活中也被称为睫毛线。通过眼线的描画可使眼睑边缘清晰，同时由于睑缘的加深又与眼部巩膜（眼球外围的白色部分）形成了鲜明的黑白对比，因此眼线增加了眼睛的神采和亮度。此外，利用眼线的位置及角度，可以从视觉上调整眼睛的形状。

1. 睫毛的生长规律

上睫毛浓、粗，下睫毛淡、细；外眼角位置的睫毛浓、重，内眼角位置的睫毛稀、淡。在画眼线时，要遵循其生长规律。

2. 画眼线的作用

描画眼线可调整眼睛的轮廓和两眼之间的距离，增强眼睛的黑白对比度，弥补眼形的不足，使人显得神采奕奕。

3. 画眼线的方法

通常可用眼线笔、眼线膏、眼线刷等描画。

第一步，要找准睫毛根部，用手指腹将眼皮拉起来，睫毛的根部就会露出来，这样就可以看清楚睫毛根部，在睫毛根部画易于上妆。最重要的一点是画的时候要将睫毛缝隙一点点地填满，不能留出余白，否则会很难看。

第二步，一点点地描画眼线，画的时候要仔细，眼线笔要贴着睫毛根部，这样可以避免出现断点和弯曲现象，如果方向弯曲了，可以用化妆棉来调整没有画好的地方。

第三步：眼尾拉长眼线画到眼角处的时候要轻微地向上扬起一点，这样画出的眼线可以美化眼形，可以让眼形更加完美漂亮。在画眼线的时候，只需要在眼尾处稍稍向上拉长一点就可以了，上扬的这一笔要流畅，一笔画到位。

第四步：上眼线画完之后可以使用化妆棉顺着眼线的边缘向外慢慢地晕染，让眼线和眼影之间有渐变的效果，这样眼睛看起来不仅自然而且更加深邃。

第五步：下眼线在眼妆中起到呼应上眼线的作用，可以让眼睛看起来更大、更有神，画下眼线的时候重点在于上、下眼线要连接上。在画下眼线末端的时候一定要让下眼线和上眼线连接起来，而且要注意眼角的空白处也要填满，画完之后一双大眼美妆就基本上出来了。

第六步：描画眼头。细心地勾画眼头可以使眼睛更漂亮，稍微拉起上眼皮露出眼头的位置，顺着眼头的弧度，用眼线笔细心地勾画，也可适当延伸出去一点，效果会使眼睛显得更长一点。

眼线离眼球很近，眼球周围的皮肤非常敏感，描画时会不小心刺激眼睛而流泪，导致妆面遭到破坏，因此描画眼线要格外细致。眼线要画得整齐干净、宽窄适中。描画眼线的力度要轻，手要稳。

4. 眼线的颜色

眼线的颜色有很多种，如黑色、灰色、棕色、蓝色、紫色、绿色等。由于亚洲人毛发的颜色为棕黑色，因此一般使用棕黑色眼线笔，但有时候根据妆型设计的特殊需要也可使用其他颜色。

（四）睫毛的修饰

睫毛是眼睛的第一道防线。同时，长而浓密的睫毛对增加眼睛的神采也能起到辅助作用，使眼睛炯炯有神，充满魅力。

亚洲人睫毛的生长特点为直、硬、短，并向下生长，常会遮盖住眼睛的神采。这些问题可以通过夹卷睫毛、涂抹睫毛膏或粘贴假睫毛等方式来解决。

1. 夹卷睫毛

用睫毛夹使睫毛卷曲上翘，这样可以增添眼部的立体感。操作时眼睛向下看，将睫毛夹的夹口置于睫毛上，将夹子夹紧，稍停片刻后松开，不移动夹子的位置连续做几次，使睫毛卷曲的弧度固定。在夹睫毛时应分别从睫毛根部、睫毛中部和睫毛尖部 3 处施力以使其弯曲，这样形成的弧度会比较自然。

2. 涂抹睫毛膏

用睫毛膏涂睫毛时，眼睛要向下看，睫毛刷由睫毛根部向下、向外转动。

然后眼睛平视，睫毛刷由睫毛根向上、向内转动。涂上睫毛时，先用睫毛刷的刷头横向涂抹睫毛梢，再由睫毛根部由内向外转动睫毛刷。如出现睫毛粘连的情况，可用眉梳在涂睫毛膏后将其梳顺，使睫毛保持自然状态。

3. 粘贴假睫毛

当自身睫毛稀疏、较短或遇妆型需要时，可利用粘贴假睫毛的方式来增加睫毛的长度和密度。

（1）做好除睫毛部位以外部分的准备。

在打造眼妆过程中粘贴假睫毛之前，往往都要化好眼线，确认除了睫毛以外的部分是否已经准备好。要先画好眼线，相当于是为假睫毛定位，然后再开始粘贴假睫毛，这样粘贴出的睫毛才会更自然逼真。

（2）把假睫毛多余的一端剪掉。

粘贴假睫毛之前的工作准备好后，就开始用手粘住睫毛一端，试放于眼部上侧，并将其与眼部宽幅进行比对。如果发现假睫毛过长的话，需要用剪刀将多余的长度从假睫毛的尾部剪掉。

（3）轻拉弯曲睫毛，增强睫毛韧度。

为了增加睫毛韧性，可以用手捏住假睫毛的两端，轻轻地上下弯曲，并反复多次，这样可以使假睫毛材质变得松软有韧性，戴起来也会更易贴合眼部弧度。

（4）用睫毛夹夹卷自身睫毛。

假睫毛的一切准备工作完成后，接着用睫毛夹将自己原有的睫毛夹卷、夹翘。

（5）在假睫毛上涂上粘胶。

粘贴假睫毛，要选用带刷头的胶水，沿假睫毛根部，使粘胶均匀涂抹于整个假睫毛的根部位置。在此过程中，要在粘胶刚开始收干的状态立即开始粘贴假睫毛，这样可以使粘贴更为密实，大大提高成功的概率。

（6）粘贴假睫毛。

需要用镊子等工具夹取假睫毛中间的位置，沿着化妆者本身睫毛的根部位置下压黏合，需要决定黏合的位置，轻压睫毛根部直至完全紧密黏合，要按中间、眼头、眼尾的先后顺序分别轻压黏合，待粘胶干透，即大功告成！

（7）假睫毛粘贴后显得不够浓密自然的，还需要用化妆剪刀来进行修饰，然后再用睫毛膏把真睫毛和假睫毛刷一下，这样才会出现自然逼真的睫毛效果。

（五）双眼皮的化妆

1. 双眼皮的作用

（1）矫正过于下垂的眼皮。

（2）矫正两眼大小，使其协调。

（3）使眼睛显得更大

2. 双眼皮的化妆方法

（1）美目贴。美目贴主要用于日常生活化妆和影楼化妆，使用方便，容易掌握，但因其是塑胶制品，故不易上色，且有反光点。

使用方法：根据眼型和眼睛的长度，将美目贴剪成月牙形，两边不可太尖，应剪成圆形，以免刺激眼睛，剪好后用镊子夹住，贴在适当的位置上。美目贴自身有黏性，故应在打底之前贴好。

（2）深丝纱。深丝纱需配合酒精胶使用，主要用于影视化妆和舞台化妆，其效果自然且容易上色。

使用方法：在涂完眼影后使用，先根据眼型将深丝纱剪成月牙形，用酒精胶做单面涂抹，胶水不宜过多，然后贴在眼睑上，最后用定妆粉定妆，以避免上、下眼睑粘在一起。

五、面颊的化妆修饰

（一）面颊和面颊化妆

1. 面颊化妆的重要性

面颊是人类流露真实情感的重要部位，人在情绪波动时面颊会产生较明显的颜色变化。面颊化妆的修饰是展示人们神采并矫正脸型缺点的一种重要手段。

2. 面颊的位置和特征

面颊位于面部两侧，处于上颌骨与下颌骨的相交处，上至颧突眼眶下水平线，下至颌角，介于尖牙槽和外下颌角之间。面颊的外形宽而扁平，因人种、性别、年龄的不同会有很大的个体差异。

（二）腮红的晕染

1. 标准脸型腮红晕染的位置

面颊一般用晕染腮红的手段来进行修饰。标准脸型的腮红晕染位置在颧骨上、笑时面颊能隆起的部位（高点）。

一般情况下，晕染腮红向上不可高于外眼角的水平线，向下不可低于嘴角的水平线，向内不能超过眼睛的 1/2 垂直线。在化妆时，腮红的晕染部位要根据个人的脸型而定。

2. 腮红的晕染步骤及方法

面颊是整个面部化妆涉及面积最大的部位，直接关系到妆面效果。健康的面颊看上去应该白里透红，因此腮红的晕染要清淡、自然、柔和。

腮红宜选择与个人肤色相近的色调。一般来说，白皙的皮肤应该配以温暖的古铜色或淡粉红的腮红；圆形脸的腮红可用棕色，以达到使脸部显得较瘦的效果；瘦长脸的腮红可用桃红、粉红等颜色使面部看起来红润、丰满。同时，腮红要与眼影、唇膏颜色适量搭配使用。

（1）取同色系中较深的腮红，从颧弓下陷处开始，由发际线向内轮廓进行晕染。

（2）取同色系中较浅的腮红，在颧骨上与步骤（1）所进行的晕染衔接，由发际线向内轮廓进行晕染。

3. 各种脸型的腮红晕染方法

（1）长脸形。长脸形腮红的晕染应以鬓发为起点，不可高过外眼角，进行横向晕染，增加脸部的柔和感，由颧骨往鼻子的方向刷。

（2）方脸形。方脸形腮红的晕染应以鬓发为起点，不可高过外眼角，进行斜纵向晕染，面积宜小，颜色宜浅淡。

（3）圆脸形。圆脸形腮红的晕染应以鬓发为起点，进行斜向晕染，面积不宜过大，由颧骨向脸中央刷，可以构造脸部的角度。

（4）由字脸。由字脸腮红的晕染应以鬓发为起点，略高于外眼角，进行斜纵向晕染。

（5）申字脸。申字脸腮红的晕染应以鬓发为起点，不可高过外眼角，进行斜向晕染，应该将腮红由颧骨上方，顺着颧骨的曲线，向脸中央刷。

4. 晕染腮红的注意事项

（1）腮红的晕染要体现出面部的结构及三维效果，在外轮廓颧弓下陷处用色最重，到内轮廓时逐渐减弱并消失。

（2）应用胭脂刷的侧面蘸取及晕染腮红。

（3）腮红的晕染要自然、柔和，不可与肤色之间存在明显的边缘线。

六、鼻的化妆修饰

（一）鼻部构造与鼻形

1. 鼻部构造

鼻位于面部的中庭，是整个面部最凸起部位。

鼻由鼻骨、鼻软骨和软组织构成，主要结构包括鼻根、鼻梁、鼻翼、鼻孔、鼻尖、鼻小柱等。其中，鼻根始于眉头，鼻翼位于眼角垂直线的外侧，鼻梁由鼻根向鼻尖逐渐增高。

2. 标准鼻形

标准鼻形中鼻的长度为脸长度的 1/3，宽度为脸宽的 1/5。鼻根位于两眉之间，鼻梁由鼻根向鼻尖逐渐隆起，鼻翼两侧在内眼角的垂直线上。

（二）鼻部的修饰

1. 鼻部的修饰步骤及方法

（1）根据鼻部需要蘸取少量阴影粉。

（2）将鼻型刷置于眉头前部鼻根两侧位置。

（3）刷头与脸部呈 45° 倾斜，从鼻根部侧边向下轻刷。

（4）沿着鼻梁侧边走势涂抹至鼻翼。

（5）勾出鼻影轮廓，将刷头来回仔细晕染鼻影边缘。

（6）使其与周围妆容形成自然过渡。

（7）将刷头置于鼻根部，向眉头方向进行晕染涂抹，并延伸到眉头 1 厘米位置。

（8）将刷头来回仔细晕染鼻影边缘，使鼻部阴影与眉头自然过渡。

2. 鼻部修饰的注意事项

（1）鼻侧影的晕染要符合面部的结构特点，注意色彩的变化，在鼻根处深一些，并要与眼影衔接。

（2）鼻侧影与面部粉底的相连处色彩要相互融合，不要有明显的痕迹，并且要左右对称。

（3）鼻梁上的高光色应符合生理结构，宽度适中，最亮部位应在鼻尖，因为此处是鼻部的最高点。

七、唇部的化妆修饰

唇是面部最鲜艳且肌肉最活跃的部位，与面部表情变化有密切的关系，是面部整体美感的重要组成部分。通过对唇的修饰，不仅能增加面部色彩，还能帮助调整肤色。因此，唇的修饰在化妆中十分重要。

（一）唇的结构

唇由上唇和下唇组成。上、下唇之间称为唇裂，上唇结节有两个凸起的部位称为唇峰（它的形状和位置决定唇形），两唇峰之间的低谷称为唇谷，唇的两侧为唇角。

（二）标准唇形

一般来说，标准唇形给人以亲切、自然的印象，具体描述如下：

（1）唇裂的宽度。唇裂的宽度为当两眼平视正前方时，沿两侧瞳孔的内侧缘向下所作的垂直线之间的宽度。

（2）唇的厚度。唇的厚度大约是唇裂宽度的 1/2。中国人普遍认为下唇略厚于上唇为美，欧洲人则认为下唇的厚度应是上唇的两倍。

（3）唇峰的位置。唇峰的位置位于唇中线至唇角的 1/3 或 1/2 处，厚度大约是唇裂宽度的 1/4 不到。

（4）唇谷的位置。唇谷的位置位于唇中线上，高度是唇峰至唇裂宽度的 1/2。

（5）下唇中部。下唇中部的最低点位于唇中线上，厚度是唇裂宽度的 1/4。

（三）唇线笔的作用

（1）使唇的轮廓显得清晰，选择比唇膏略深的颜色（同色系）可以增加立体感。

（2）弥补和矫正唇形的不足。

（3）防止唇膏向四周外溢。

（4）画唇线后比较容易画出唇形，并易修改。

（四）唇部修饰的步骤

1. 设计唇形

根据个人的自身条件，设计理想的唇形。

2. 确定唇峰的位置

在化妆过程中，唇峰的位置直接影响唇部的表现力，下面介绍几种唇峰的位置及唇形的表现风格。

（1）丰满唇形。唇峰位于唇中线至唇角的 1/2 处，此种唇形轮廓均匀，唇峰的高度和下唇相应位置厚度相同，给人较为丰满的感觉。

（2）性感唇形。唇峰位于唇中线至唇角的 2/3 处，此种唇形有圆润、饱满和优美的微笑感，给人以热情的印象。

（3）敏锐唇形。唇峰凸出，略带尖锐倾向，唇角处稍向上提，给人以冷峻、严肃的印象。

3. 勾画唇线

（1）内描法。将轮廓线画在原有唇形稍内侧，适合双唇大而厚的嘴唇。

（2）外描法。在唇的稍外侧描轮廓线，使唇部丰满起来，适合双唇薄而小的嘴唇。

（3）直线法。按照唇形轮廓描出带锐角的直线，适合双唇大小适中的嘴唇。

（4）1/3 唇线法。这种嘴唇呈山形，起伏大，给人以感情丰富之感觉。

（5）1/2 唇线法。上唇山形最高处恰在口角和中心线中间，其高度与相应位置的下唇厚度相同，上、下唇轮廓线匀称，是大众化的唇形。

（6）2/3 唇线法。上唇山形高峰在唇中央到口角 2/3 的地方，给人以宽广优美的感觉。

4. 涂唇膏

涂唇膏时可用唇膏笔蘸上唇膏，从唇角向唇中部涂抹，由外向内涂满。为了增加立体感，唇膏应分三层涂抹。

（1）第一层涂基底色，用所要表现的颜色涂满全唇。

（2）第二层涂暗影色，涂抹的重点在唇角和唇的边缘，以增加立体感。

（3）第三层涂亮色，涂于上唇的唇峰下面和下唇的中间，突出中间，使唇肌显得饱满。

（五）唇部修饰的注意事项

（1）唇线的颜色要与唇膏颜色的色调一致，并略深于唇膏的颜色。

（2）唇线的线条要流畅，左右对称。

（3）唇膏的色彩变化规律应为上唇深于下唇、唇角深于唇中。

（4）唇膏的颜色要饱满，要充分体现唇部的立体感。

第三节　矫正化妆

矫正化妆存在于一切化妆中。矫正化妆是利用线条及色彩的明暗、层次的变化，在面部的不同部位制造视觉错觉，使面部优势得以发扬和展现，缺陷和不足得以弥补和改善的手段。

一、脸型的矫正化妆

各种脸型都有其各自的特点。因此，人们需要通过整体设计，恰当运用化妆手段，发扬个性特征，弥补各种脸型的缺陷和不足。

1. 圆脸的修饰方法

圆脸的人常给人以年轻可爱的印象，因整个面庞圆润少棱角，缺少成熟稳重的气质，因此在修饰时，可以利用色彩的明暗对比及较冷色系的色彩来改变这种印象。

（1）粉底：在对圆脸进行修饰时，重点在两腮处，可用比面部基础粉底深几号的阴影色涂于两腮处，制造阴影，以缩减面部的圆润及膨胀感，并在额部、鼻梁、下巴处整体加高光色以体现立体感。

（2）眉：眉形可采用上挑眉。

（3）眼睛：眼影可选择较冷的色彩来增加成熟和收缩的感觉。

（4）腮红：用腮红来增加颧骨及面部位的立体感。

（5）口红：唇形不宜画得太圆太饱满，可选择带有明显唇峰并唇角上扬的唇形。

2. 方脸的修饰方法

方脸的人面部棱角分明，一般都有宽阔的前额及方形的颌骨，整体的感觉刚硬有余、柔美不足。在修正时，可以用一些柔和的色调来增添女性温柔的气质。

（1）粉底：方脸的人同样需要用阴影色来掩饰两腮处突出的部分，并且也要在宽阔的额角用阴影色来制造圆润的效果。

（2）眉：眉形可采用略微上挑的柔和眉，既与脸型相配，又中和了方脸男性化的感觉。

（3）眼睛：眼影可选择一些较暖、较柔和的色彩。

（4）腮红：腮红的位置可略高一些，形状可用三角形晕染。

（5）口红：可画出圆润饱满的唇形。

3. 长脸的修饰方法

长脸的人容易给人以老成、刻板的印象，整个面部缺乏柔和、生动的感觉，在修饰时可以用一些鲜明的色彩来调整。

（1）粉底：可选用带有浅色调的柔和粉底，并在前额、下巴处涂阴影色以调整脸的长度感。

（2）眉：眉形宜选用平直的“一”字眉。

（3）眼睛：眼部修饰的重点应在外眼角，并以鲜明的色彩来强调。

（4）腮红：腮红的位置应在颧骨的下方，并做横向晕染。

（5）口红：口红的色彩可以柔和、浅淡一些，以此削弱长脸给人的老成感。

4. 正三角脸的修饰方法

此种脸型又称为“梨形脸”，脸部形状上窄下宽，给人以憨厚可爱的印象，但缺少生动感。

（1）粉底：正三角脸修饰的重点在于较宽的两腮处，可以用阴影色进行遮盖，面部的 T 形部位用浅亮色进行提亮。

（2）眉：可以选择上扬、带有一定弧底的眉形。

（3）眼睛：眼影修饰的重点可放在外眼角，以此加宽额部的宽度。

（4）腮红：腮红的位置与圆脸相同，做纵向晕染。

（5）口红：可以选用稍带棱角的唇形。

5. 倒三角脸的修饰方法

倒三角脸的脸型与三角脸恰好相反，它就是我们所说的“瓜子脸”，脸型的额部较宽，但下巴窄而尖，给人秀气的印象，但难免又会有单薄、柔弱的感觉。

（1）粉底：可在前额两侧涂阴影色，在两腮处涂以亮色来修饰。

（2）眉：眉形不宜画得太长，可加重眉头色度。

（3）眼睛：眼影描绘的重点应在内眼角处。

（4）腮红：腮红的位置可按颧骨本来的位置作晕染。

（5）口红：嘴唇不宜画得太大，并且可选择柔和色调的唇色。

6. 菱形脸的修饰方法

菱形脸的特点是上额宽、下颌部较窄、颧骨部位又十分突出，整个脸形似“枣核”，显得十分精明、清高，但缺少亲切、可爱的感觉。

（1）粉底：可在前额部位及下颌处涂亮色，颧骨部位的两侧涂阴影色来修饰脸型。

（2）眉：眉形不可过于高挑，眉峰的位置可略向后一些。

（3）眼睛：眼影的色彩宜选用浅淡的柔和色调，并将重点放在外眼角。

（4）腮红：腮红的位置可涂于颧骨上，以掩饰颧骨的高度。

（5）口红：嘴唇宜画得圆润、丰满，并选择柔和色调的唇膏。

二、眉形的矫正化妆

1. 向心眉的修饰

（1）向心眉的特征。两条眉毛向鼻根处靠拢，其间距小于一只眼的长度，使五官显得过于紧凑而不舒展。

（2）向心眉的修饰。先将眉头处多余的眉毛除掉，加大两眉间的距离，再用眉笔描画，将眉峰的位置略微向后移，眉尾可适当加长。

2. 离心眉的修饰

（1）离心眉的特征。两眉头间距过远，大于一只眼的长度，使五官显得分散，容易给人留下不太聪明的印象。

（2）离心眉的修饰。由于离心眉的眉头距离过远，因此要在原眉头前画出一个“人工”眉头，描画时要格外小心，循序渐进，浓淡适宜，否则会显得生硬、不自然。离心眉的修饰要点是将眉峰略向前移，眉梢不要拉长。

3. 吊眉的修饰

（1）吊眉的特征。眉头低，眉梢上扬，使人显得有精神，但过于吊起的眉则使人显得尖锐，不够和蔼可亲。

（2）吊眉的修饰。修饰吊眉时可将眉头下方和眉梢上方的眉毛除去，眉峰以下适当填补，描画时要侧重描画眉头上方和眉梢下方，这样可以使眉头和眉尾基本保持在同一水平线上。

4. 下垂眉的修饰

（1）下垂眉的特征。眉尾低于眉头的水平线，使人显得亲切，但过于下垂会使面容显得忧郁、愁苦、没精神。

（2）下垂眉的修饰。修饰下垂眉时应去除眉头上面和眉梢下面的眉毛，在眉头下面和眉尾上面的部分要适当补画，并适当补画眉峰，使眉头和眉尾在同一水平线上或眉尾略高于眉头。

5. 短粗眉的修饰

（1）短粗眉的特征。眉形短而粗，显得不够生动，会使女性看起来有些男性化。

（2）短粗眉的修饰。修饰短粗眉时可根据标准眉形的要求将多余的部分修掉，然后用眉笔补画缺少的部分。短粗眉修饰的重点是修剪与描画。

6. 散乱眉的修饰

（1）散乱眉的特征。眉毛生长杂乱，缺乏轮廓感及立体的外部形态，使五官看起来不够清晰。

（2）散乱眉的修饰。修饰时要先按标准眉形的要求将多余的眉毛去掉，用眉梳梳顺，再用眉笔加重眉毛的色调，画出理想的眉形。

7. 残缺眉的修饰

（1）残缺眉的特征。残缺眉是指由于疤痕或眉毛本身的生长不完整使眉毛的某一段出现残缺的现象。

（2）残缺眉的修饰。修饰时应先用眉笔在残缺处淡淡描画，再对整条眉进行描画，使眉形自然流畅。

三、眼形的矫正化妆

1. 两眼距离较近的修饰

（1）两眼距离较近的特征。两眼间距小于一只眼的长度，使面部五官看似较为集中，给人以严肃、甚至不和善的印象。

（2）两眼距离较近的修饰。靠近内眼角的眼影用色要浅淡，要突出外眼角眼影的描画，并将眼影向外拉长；上眼线的眼尾部分要加粗加长，靠近内眼角部分的眼线要用细线；下眼线的内眼角部分不描画，只描画整条眼线的 1/2 或 1/3，靠近外眼角部分加粗加长，眼影的晕染可强调外眼角，并拉长睫毛，由中部向尾部晕染略厚些，内眼角染线或不染。

2. 两眼距离较远的修饰

（1）两眼距离较远的特征。两眼间距宽于一只眼的长度，使五官显得分散，面容显得无精打采、松懈、迟钝。

（2）两眼距离较远的修饰。靠近内眼角的眼影是描画的重点，要突出一些，外眼角的眼影要浅淡些，并且不能向外延伸；上下眼线在内眼角处要略粗一些，在外眼角处则要相对细浅一些，不宜向外延长；睫毛的粘贴也重点强调内眼角，外眼角的睫毛稍稀可以不粘贴。

3. 吊眼的修饰

（1）吊眼的特征。外眼角明显高于内眼角，眼形呈上升状。吊眼的人目光显得机敏锐利，但如果眼形上升明显，就会给人以严厉、尖锐、冷漠的印象。

（2）吊眼的修饰。内眼角上侧和外眼角下侧的眼影的描画应突出一些，这样会使上扬的眼形得到改善。描画上眼线时，内眼角处要描画得略粗，外眼角处要描画得略细；下眼线的内眼角处要描画得细浅一些，外眼角处要描画得粗重一些，并且眼尾处的下眼线不与睫毛根重合，而应止于睫毛根的下侧。

4. 下垂眼的修饰

（1）下垂眼的特征。外眼角明显低于内眼角，眼形呈下垂状。眼略有下垂，使人显得和善、平静，但如果下垂明显，就会使人显得呆板、无神和衰老。

（2）下垂眼的修饰。内眼角的眼影颜色要暗，面积要小，位置要低，外眼角的眼影色彩要突出，并尽量向上晕染；描画上眼线时，内眼角要描画得细浅些，外眼角处要描画得宽些，眼尾部的眼线要在睫毛根的上侧画；下眼线内眼角处略细。另外，还可以在眼尾处贴美目胶带，以提升外眼角的高度。

5. 细长眼的修饰

（1）细长眼的特征。眼睛细长，看起来有眯眼的感觉，使人的面容缺乏神采。

（2）细长眼的修饰。上眼睑的眼影与睫毛根之间有一些空隙，下眼睑眼影从睫毛根下侧向下晕染得略宽些，宜使用偏暖色，采用水平晕染法；上、下眼线的中间部位应描画得略宽，两侧眼角则应画得细些，不宜向外延长。

6. 圆眼睛的修饰

（1）圆眼睛的特征。内眼角与外眼角的间距小，使人显得比较机灵，但也会给人留下不够成熟的印象。

（2）圆眼睛的修饰。眼睑的内、外眼角的眼影色彩要突出，并向外晕染，上眼睑中部不宜使用亮色，下眼睑的外眼角处的眼影用色要突出并向外晕染；上眼线在内、外眼角处要描画得略粗，中部则要画得平而细。下眼线只画 1/2，靠近内眼角不画，外眼角处眼线要描画得略粗。

7. 肿眼泡的修饰

（1）肿眼泡的特征。上眼皮的脂肪层较厚或眼皮内含水分较多，使眼球露出体表的弧线不明显，使人显得浮肿松懈、没有精神。

（2）肿眼泡的修饰。用深色眼影从睫毛根部向上水平晕染，逐渐淡化，眉骨部涂亮色，肿眼泡的人应尽量不用红色系的眼影，上眼线的内外眼角略宽，眼尾高于眼睛轮廓，眼睛中部的眼线要细而直，尽量减少弧度，下眼线的眼尾略粗，内眼角略细。

8. 眼袋较重的修饰

（1）眼袋较重的特征。眼袋突出的人下眼睑脂肪堆积，使人显得缺少生气。

（2）眼袋较重的修饰。眼袋突出的人眼影适合柔和浅淡，不宜过分强调，咖啡色或米色会比较合适，画眼线时注意上眼线的内眼角略细，眼尾略宽，下眼线要描画浅淡或不画。

9. 假双眼皮的画法

对于单眼皮或形状不够理想的双眼皮，在上眼睑处画出一条双眼皮的棕色线的方法，称为假双眼皮的画法。假双眼皮的具体画法是：先在上眼睑画一条线，这条线的位置要以假双眼皮的宽窄而定。如果想双眼皮宽一些，这条线就要高；反之，就低些。晕染眼影时，在画线以下部分涂浅亮的颜色，这样就会使假双眼皮的效果更明显。

四、鼻形的矫正化妆

1. 理想鼻形的修饰

（1）理想鼻形的特征。理性的鼻形是鼻尖高度相当于鼻长度的 1/2，理想的鼻宽相当于鼻长度的 70%，这样的鼻形会让脸部呈现立体生动的感觉。

（2）理想鼻形的修饰。鼻梁两侧涂浅棕色或橄榄绿色鼻影，与眉头衔接自然，上下晕染，鼻梁上略加亮色，衔接柔和，突出鼻的美感。

2. 塌鼻梁的修饰

（1）塌鼻梁的特征。鼻梁低平，面部凹凸，层次严重失调，使面部显得呆板、缺乏立体感和层次感。

（2）塌鼻梁的修饰。在鼻梁侧涂上阴影色，内眼角眼窝处加深，上与眉接，两边与眼影混合，在两眉之间的鼻梁上涂亮色，过渡宜自然，以产生视觉立体感。

3. 鼻子较短的修饰

（1）鼻子较短的特征。鼻子的长度小于面部长度的 1/3，即常说的“三庭”中的中庭过短，鼻子较短会使五官显得集中，同时使鼻子显得过宽。

（2）鼻子较短的修饰。用阴影色晕染鼻两侧，面积稍宽，用亮色涂鼻梁，亮色在晕染的过程中要大些、长些，但鼻梁亮色不宜太明显，这样反而会失真。

4. 钩鼻的修饰

（1）钩鼻的特征。鼻根较高，鼻梁上端窄而突起，鼻头较尖并弯曲向里呈钩状，鼻中隔后缩，使面容缺乏柔和感，显得较为冷酷。

（2）钩鼻的修饰。用阴影色收敛鼻根两侧，用亮色涂鼻梁上端较窄处和凹陷处，鼻尖的颜色可以选择深一点的颜色，但不要深过阴影色。

5. 宽鼻子的修饰

（1）宽鼻子的特征。鼻翼的宽度超过面部宽度的 1/5，使面部缺少秀气的感觉。

（2）宽鼻子的修饰。用明色涂，鼻梁稍宽，用暗色涂鼻梁和鼻翼两侧，使鼻头显得纤巧些。

6. 鼻梁不正的修饰

修饰鼻梁不正时，要注意鼻梁歪斜的方向，鼻梁歪向哪一侧，哪一侧的鼻侧影就要略浅于另一侧，亮色要涂在鼻梁的中心线上。

五、唇形的矫正化妆

1. 唇形过大的修饰

（1）唇形过大的特征。唇形有体积感，显得性感饱满。

（2）唇形过大的修饰。重点在于用遮盖的手法调整唇形的厚度，并强调唇部的立体感，形成一定的棱角。在涂底色时用粉底遮盖唇部的边缘，用唇刷直接勾画唇形，将唇部轮廓向内侧勾画，不要用珠光很强的浅色唇彩。

2. 唇形过小的修饰

（1）唇形过小的特征。上唇与下唇的宽度过于单薄，嘴唇的外形过于短小。

（2）唇形过小的修饰。重点在于利用唇线调整唇部的宽度和厚度，勾画比较丰满的唇形，用唇线笔将轮廓线向外扩展，上唇的唇线可以描画得圆润些，下唇要增厚，在需要扩充的部位选用略深的口红与唇色相接，唇中部可以用淡珠光色的口红或唇彩，使唇形更显丰满。

3. 唇部过薄的修饰

（1）唇部过薄的特征。上唇与下唇过于单薄，使面部缺少立体感。

（2）唇部过薄的修饰。修饰时可选用略深于唇膏颜色的唇线笔在原唇形外缘进行描画，上唇唇线可描画得圆润些，下唇唇线宜描画为船形。选用略深色的唇膏沿唇线边缘向里晕染，注意与唇线的衔接，唇中部可用淡色珠光唇膏或唇彩，使嘴唇看起来较为丰润。

4. 唇部过厚的修饰

（1）唇部过厚的特征。唇形有体积感，显得性感饱满，但过于肥厚的嘴唇，会使人缺少秀美的感觉。

（2）唇部过厚的修饰。先在唇部涂粉底遮盖原唇形的轮廓，后用唇线笔在原唇内侧描画略小于原唇形的唇线，但距离不可拉得过大，否则会失真。唇色应选用不含珠光的深色粉质唇膏。

5. 鼓突唇的修饰

（1）鼓突唇的特征。唇中部外翻、突起，易形成噘嘴状。

（2）鼓突唇的修饰。唇线不宜选用深色，可处理得模糊些，以延伸凹凸的效果。唇膏颜色宜选用中性色，不宜选用鲜艳的颜色或珠光色。此外，可加强眼部的修饰，转移他人对嘴唇的关注。

6. 嘴角下垂的修饰

（1）嘴角下垂的特征。嘴角下垂，给面部增添一种悲伤色彩。

（2）嘴角下垂的修饰。重点在于调整嘴角高度。在打粉底时，可以在嘴角处用提亮色提亮，画上唇线时，唇峰略微压低，唇角略微提高，嘴角向内收，描画下唇线时，唇角向内收敛与上唇线交汇，唇中部的唇色要比唇角略浅，以突出唇的中部。

7. 嘴唇平直的修饰

（1）嘴唇平直的特征。唇部轮廓平直，唇峰不明显，缺乏曲线美。

（2）嘴唇平直的修饰。重点在于强调唇部的轮廓结构。勾画上唇线时，用唇线笔勾画唇峰，并把唇角向里收，下唇画成船形，然后根据喜好涂抹口红颜色。

第四节　时尚彩妆的特点与技法

随着化妆技术的不断成熟，妆容的分类逐渐细化，常见的时尚彩妆可分为生活妆、裸妆、生活晚妆、晚宴妆、新娘妆等。人们在化妆时要遵循扬长避短、追求自然、注意整体、创造个性的化妆原则，同时要结合个人的年龄和性别，避免产生突兀感。

一、生活妆

1. 生活妆的特点

生活妆又称淡妆，适用于日常生活和工作，其特点是清新、自然、不做过分修饰，通常展现在自然光条件下。

2. 生活妆的化妆步骤及方法

（1）清洁皮肤。为了能更好地上妆，同时使妆面的保持时间更长久，化妆之前应做好洁肤工作，使用适合自身皮肤的清洁产品进行皮肤清洁。

（2）眉的修饰。事先修好眉形，眉色多选用棕黑色或灰黑色。眉毛要描画得自然、虚实结合，可先用眉刷蘸取眉粉刷出眉毛的浓度，再用眉笔做进一步修整。

（3）粉底。粉底应涂抹得轻薄、通透、自然，不要过于厚重。自身皮肤较好的女性可以使用轻薄型粉底液，皮肤瑕疵明显的女性则可使用遮盖力较强的粉底液。

（4）定妆。个体应选用与自身肤色相近、粉质细腻的定妆粉定妆，定妆粉的涂抹应轻而薄。

（5）眼部的修饰。眼影的用色与晕染方法要根据个人眼形条件进行选择。眼影的晕染面积要小，不宜使用较为夸张的晕染方法，而应采用单色晕染法。用眼影刷蘸取眼影粉从睫毛的根部由外眼角向内眼角涂抹，并逐渐向上晕染，随着眼影刷上的色粉逐渐减少，可表现出自然的眼部结构。

眼线要根据眼形勾画，线条要流畅自然，注意虚实结合。睫毛浓密、眼形条件好的人可不画眼线，只需强调睫毛的漂亮曲线和浓度；睫毛、眼形条件一般者可选用黑色或棕黑色眼线笔或眼线墨（膏）勾画眼线，画完要用笔或眼线刷把它揉开，尽量使其显得自然。

（6）面颊的修饰。所用腮红要浅淡、柔和，如果肤色健康、着装素雅则可免去这一步骤。

（7）唇的修饰。注意要使唇的轮廓清晰，唇形不宜改变过大，唇形好可不画唇线。涂唇膏后可用纸巾将唇膏中过多的油脂吸掉，然后再涂一层亮唇彩，使嘴唇显得光彩照人。

（8）发型与服饰的选择。与生活妆搭配的发型和服饰要符合个人的气质、职业、所处环境等方面的因素，整体显得简洁、大方、有生活气息。

3. 生活妆的注意事项

（1）生活妆的底色要薄，以强调肤色的自然光泽。

（2）用色要简洁，化妆所用色彩与色彩之间的对比要弱。

（3）色彩的晕染与线条的描画要柔和。

（4）一般无须刻意修饰鼻子。

二、裸妆

1. 裸妆的特点

裸妆就是看起来仿佛没有化过妆一样的妆容，妆容自然清新，虽经精心修饰，但并无刻意化妆的痕迹。裸妆的重点在于粉底要薄，只用淡雅的色彩点染眼、唇及面部其他部位即可。

2. 裸妆的化妆步骤及方法

（1）底妆。裸妆对于底妆的要求较为严格，既要做到遮盖瑕疵，又不能呈现出厚重的妆感。薄和透是裸妆底妆最基本的要求。使用蜜粉能够体现出肌肤的粉嫩感，而且还有显脸瘦的作用。先在脸上用具有保湿功效的粉底液进行打底，再用粉扑蘸上适量的蜜粉，对全脸进行快速拍打，感觉蜜粉已经均匀散布在肌肤上即可。

（2）眉的修饰。描画眉毛的重点是让眉头处尽可能保持原有的形状，看起来自然为佳，眉锋处色彩最深，眉尾处转淡，眉色的深浅变化能增加眉毛的立体感。

（3）眼部的修饰。裸妆的眼部修饰不宜太夸张，稍微把眼线和眼影强调一下即可。先用黑色的眼线笔画出上、下眼线的 1/3—1/2，接着用指腹或棉花棒轻轻地把眼线晕染开来，使眼妆效果更显自然。眼尾的位置也应稍微扫上一些眼线。在眼睑到眉毛之间，可以扫上一点浅棕色或者橘棕色的眼影，并稍微描画细小处。明亮大眼需要用纤长的睫毛作为陪衬，这样才能够更具魅力，可先用大号的睫毛夹对整个睫毛进行夹卷，然后使用小号睫毛夹对眼角等细微地方进行修补，接着涂上睫毛膏，并用睫毛梳梳理睫毛，打造出根根分明的效果。

（4）唇的修饰。选择与唇膏或唇彩颜色相近的唇笔，画出自己喜欢的唇形，再用唇刷沾上颜色，填满双唇。

（5）定妆。用粉扑将蜜粉以“点按”的方式扑在面部，但不要用粉扑在妆面上来回摩擦，这样会破坏粉底。防止粉底脱妆的关键在于鼻部、唇部及眼部周围，这些部位要小心定妆。最后用掸粉刷将多余的散粉扫去，动作要轻，以免破坏妆面。

三、生活晚妆

生活晚妆是指人们在日常生活中，参加晚会、晚宴而化的妆。它是指用粉底、蜜粉、口红、眼影、胭脂等有颜色的化妆品在面部上的妆，因一般为进行夜生活而化妆，因此被称为晚妆。晚妆能改变形象，使自己的脸更漂亮，更令人关注。

1. 生活晚妆的特点

（1）妆色浓艳：由于晚间社交活动一般都在灯光下进行，且灯光多柔和、朦胧，不易暴露出化妆痕迹，反而能更加突出化妆效果。如果妆色清淡，就显不出化妆效果。因此，晚妆应化得浓艳些，眼影色彩尽可能丰富漂亮，眉毛、眼形、唇形也可做些适当的矫正，以使整个人显得更加光彩迷人。

（2）引人注目：晚间化妆，一般是出于应酬的需要，处在一种特定的环境中，它给化妆创造了一种愉悦的心境和良好的氛围条件，能使人产生一种梦幻般的感觉，这是施展个人化妆技能的极好时机。因此，化晚妆时可在不超越所允许的范围内，充分发挥自己的想象力，把自己打扮得更加漂亮，更具魅力，更引人注目。

（3）清晰明亮：由于晚间灯光比白天弱，因此妆面要化得比白天清晰、明亮些，否则就达不到化妆效果。

2. 生活晚妆的化妆步骤及方法

（1）化妆之前，先在面部和颈部涂一层滋润霜，以便发挥粉底的妆效。

（2）涂粉底。粉底要涂得薄而均匀，使皮肤细腻而有光泽。粉底的颜色宜较肤色略深，偏红润一些，这样可使皮肤在强光的照射下显得健康、红润。常用立体打底来强调面部的凹凸结构，并弥补脸型的不足。

（3）定妆。橘色散粉在灯光下会使皮肤显得细腻，面色红润，适用于生活晚妆。散粉要涂抹得薄而均匀，以体现皮肤的质感。此外，使用珠光散粉可增加时尚感。

（4）修容。通过修容可强调面部的立体感。

（5）眼影的晕染。眼影的色彩搭配要丰富、协调，要注意多而不混。色彩的纯度可略高，以使妆面显得艳丽；色彩的明暗度可略强，以强调眼部的凹凸结构。

（6）画眼线。对眼线的修饰可根据需要适当进行，线条可适当加粗，色彩宜浓艳。

（7）睫毛的修饰。自身睫毛较密者可只涂睫毛膏，睫毛膏的颜色可以丰富多彩；反之，可粘贴假睫毛，使用的假睫毛在形状和颜色上都可以适当夸张。

（8）眉的修饰。生活晚妆对眉的修饰要求是使眉的线条清晰、颜色浓艳。

（9）唇的修饰。生活晚妆对唇的修饰要求是使唇的轮廓清晰、色彩艳丽。

（10）腮红的晕染。腮红可根据个人的脸型来进行晕染，也可依据流行元素来进行修饰，颜色要与妆色协调。

3. 生活晚妆的注意事项

（1）化生活晚妆要艳而不俗，丰富而不繁杂。

（2）讲究面部凹凸结构和五官轮廓，但不能因矫正而失真。

（3）饰物的佩戴及着装要与妆容整体协调。

四、晚宴妆

1. 晚宴妆的特点

所谓晚宴妆，是指人们出席各种宴会时所设计的妆容。晚宴妆用于夜晚、较强的灯光下和气氛热烈的场合，妆面显得华丽而鲜明。日妆是出席自然光下场合的妆容，晚宴妆则是出席灯光下场合的妆容（如果在白炽灯下，就要避免妆容的颜色太红）。夜间由于光线柔和幽暗，一般不容易看清化妆的痕迹，因此给化妆修饰创造了条件，妆面底色可以涂得厚些，唇膏和腮红可加红些，并且可以大胆地利用矫正化妆法，对眉毛、眼睛、嘴唇做适当地矫正，眼影可以画得夸张、浓艳些。

2. 常见的晚宴妆色彩搭配

晚宴妆常用的眼影、腮红及唇膏的颜色搭配如下：

（1）深蓝 + 砖红；砖红；豆沙红。

（2）浅蓝 + 黑；深砖红；紫红、暗红。

（3）粉红 + 紫红；桃红、紫红；桃红、粉红。

（4）酒红 + 黑；酒红；桃红。

3. 晚宴妆的化妆步骤及方法

（1）涂粉底。化晚宴妆时可以选择遮盖强一点的粉底，这样可以遮盖脸部的缺点，T 字部位和下眼睑可适当提亮，腮中和额头处也可以适当打些阴影，但应注意脖子和脸的妆容不能太脱节。

（2）定妆。整理一下面部，用一点粉饼控制面部油光，或者用古铜色明彩粉轻扑面部颈部及肩部处。化晚宴妆时可以选择透明散粉或带珠光散粉。

（3）眼影的晕染。晚宴妆的眼影可以画得丰富多彩，色彩搭配可多种多样，眼影的层次可增多。若要按个人的喜好化妆，就可画出有个性的眼影。

（4）画眼线。沿着上睫毛画一条稍粗的眼线，或者用深色眼影覆盖住现在的眼影。下眼线也需加重，若需要，可以轻轻晕开。为了使眼睛更加明亮动人，晚宴妆眼线可选择黑色或蓝色等颜色。线条可描画得略粗些，但要与眼睛相配，如眼影画得很淡，眼线就不宜画得太深，下眼线也可以不画。

（5）美化双眼皮。晚宴妆的眼形可做适当改变，如两眼大小不同或双眼皮不够明显时，可以通过美目贴相应改变。

（6）睫毛的修饰。睫毛可重复涂抹几次，以使修饰效果达到最佳，如自己睫毛不够长，还可以贴假睫毛进行修补。睫毛膏的颜色可选择黑色或蓝色等。涂睫毛膏之前应先夹翘睫毛，这样无论是涂抹睫毛膏，还是戴假睫毛，都可以有较好的效果。

（7）眉的修饰。用眉笔加强眉尾线条感，保持眉头的清淡自然。晚宴妆眉的描画要鲜艳，线条要清晰。可以再用睫毛膏轻刷眉毛，使眉形富有立体的虚实感。眉毛要配合脸型来画，可选用眉影粉画出眉形，再用眉笔在残缺的部位进行修补。

（8）唇的修饰。选与唇膏相配的唇线笔描出轮廓，然后涂上相应的唇膏，晚宴妆的唇膏可画完一层后，在唇边加重颜色，唇的中央再加上浅颜色唇膏，这样可以使唇形更美，颜色也更丰富。

五、新娘妆

1. 新娘妆的特点

新娘妆是指在结婚典礼上为新娘设计的妆容。结婚是人生中的一件大事，身着精致婚纱礼服的新娘是整个婚礼中最受瞩目的人。因此，新娘妆有别于一般的化妆，要格外慎重。新娘妆不仅要注重脸型、肤色的修饰，化妆的整体表现也要突出自然、高雅、喜气的特点，而且要使妆面能持久保持，不易脱落。

就整体而言，新娘的装扮要特别注重整体美感的呈现，新娘的发型、化妆、配饰、礼服、头纱、捧花均须精心设计，并且要与新娘的仪态、气质相协调。

2. 常见的新娘妆色彩搭配

新娘妆常见的眼影、腮红及唇膏的颜色搭配如下。

（1）桃红 + 宝蓝；砖红；枣红、玫瑰红、粉红。

（2）紫红 + 紫；紫红；紫红、桃红。

（3）粉红 + 蓝；桃红 + 紫红；玫瑰红、桃红。

（4）蓝 + 砖红；砖红；大红、暗红。

（5）粉红 + 紫红；桃红 + 紫红；桃红、粉红。

（6）梅红 + 灰黑；梅红；暗红。

3. 新娘妆的化妆步骤及方法

新娘妆在面部停留的时间较长，容易自然脱落，要想减少这种现象，化妆前就需要在脸上容易出油、出汗的前额、鼻子、下颌处使用收缩水，使毛孔收缩；面霜不要擦得太多，否则容易脱落。

（1）涂粉底。打粉底时发际、唇部、鼻角、嘴角、脖子等处应均匀擦拭。粉底颜色可比肤色稍微浅一点，但不可太白，以粉红色为佳。应选择遮盖力较强的粉底，身上裸露的地方也要一起涂上，颜色要衔接好。脸型丰满者可用阴影修饰，但阴影要自然，特别是在脖子与脸的连接处，不能明显让人看出有两种颜色。

（2）扑粉。先以粉饼轻轻薄薄地施一层，再以透明蜜粉轻轻按上一层，使粉底更固定。蜜粉可选择透明感较好的，使脸部看起来更亮，一般可用粉红色散粉或带珠光的散粉。

（3）眼影的晕染。新娘妆的眼影有多种搭配，可以按服装或新娘个人喜好来定，但要取偏暖、有喜悦感的色调，不要涂复杂的多色眼影。

（4）画眼线。描绘出眼线，再以眼线液强调眼形。新娘在画眼影时，先用眼线笔描完后，为使眼影不易脱妆且更具立体感，可用眼线液再描一次。新娘妆的眼线要画得秀气、干净。为了使眼睛更加清澈、明亮，上眼线靠近睫毛根处要画得黑一些，下眼线不要画得太粗。

（5）粘假睫毛。夹翘，刷翘，再戴上自然型的假睫毛，使眼睛更立体。可用紫色、蓝色、咖啡色系的睫毛膏轻轻刷在睫毛上，将使睫毛看起来更生动。假睫毛不要太夸张，因为需要近距离观看。如有可能，可单根往上粘睫毛，这样会显得更加自然。

（6）眉的修饰。画出柔和自然的眉形，并以眉刷刷匀，亦可以刷上少许与发色相近的眼影粉。不理想的眉毛要根据新娘的眼部与脸部的特点来进行修饰，注意眉毛要画得自然、生动；眉毛的颜色不要太黑，不要超过眼球的深度，且要与头发的颜色相协调。

（7）涂唇膏。唇形不理想者可先画出理想的唇形，再在里面涂唇膏。为了使唇膏能保持长久一点，画完一层后，可轻轻扑上一点粉，再涂一层唇膏。唇膏的颜色要与整个面部色调和谐，掌握好分寸，避免显露化妆痕迹。注意要使新娘的嘴角看起来微微上翘，显示出喜悦的心情，并尽量使嘴形漂亮、可爱。

（8）腮红的晕染。新娘妆应化出脸色红润、神采飞扬的效果。在面颊上从太阳穴开始，眼部、颧骨到下颌角以上淡淡地涂一层浅红色可显示面部的丰满与健康，外眼角处也要淡淡地涂上一层，注意与周围颜色相接。

六、实用新娘妆

1. 实用新娘妆的特点

实用新娘妆的主要特点是突出喜庆、甜美的气氛，其用色以暖色、偏暖色为主，妆型要求圆润、柔和，充分展示女性的婀娜、柔美。

2. 实用新娘妆的化妆步骤及方法

（1）清洁。为了增强化妆品与皮肤的亲和力，在化妆之前最好做一次深层洁肤的面膜，彻底清洁皮肤，使皮肤更白净，妆面更牢固。

（2）修眉。新娘应提前用眉针将眉形修好。如果未提前修眉形，应用剃刀修剪，而不用眉钳，避免对局部皮肤产生刺激，影响整个妆面的效果。

（3）修正液的使用。新娘可用修正液调整肤色，改善肤色。肤色好的可省略。

（4）涂粉底。实用新娘妆的粉底不宜过厚，以免失真。粉底的颜色可选用比其自身肤色略白或偏粉红的颜色，使新娘的皮肤更显白嫩、细腻，看起来面色红润。皮肤光洁无瑕疵者可选用透气性强、有透明质感的粉底液；皮肤有色斑者应选用遮盖力强的粉底液或粉饼。

为了增加面部的立体感，打粉底时应打高光，但要求高光打得薄而亮；不宜打暗影，以免使妆面有明显的修饰感。如果脸型特别不好，可以在打粉底之后，用修容饼来修饰。黑痣和较深的色块应用遮瑕膏遮盖。因妆面保持时间长，故不宜选用含油脂过多的面霜、粉底。

（5）定妆。粉色散粉可使新娘显得皮肤细嫩、面色粉白。因实用新娘妆的粉底较薄，散粉不宜过多，以免有粉质感。

（6）眼影的晕染。眼影的色彩搭配宜简洁，色调宜柔和，明暗对比不宜过强，颜色与服饰搭配要协调。一般来说，传统服饰选用的眼影以暖色为主，如桃红色、大红色、粉红色、玫瑰红色、橘红色、棕红色等，可以显得喜庆、华丽；西式白纱裙和晚礼服的眼影可选用冷色，如粉蓝色、粉绿色、银白色、蓝灰色、紫色等，可以显得清新、迷人。

（7）画眼线。眼线部分，只用浅色的眼线笔画上眼线晕染眼部线条，扫上白色自然的眼影，让眼睛更明亮。

（8）睫毛的修饰。重点体现眼部浓密的睫毛，但不能脱离清新的感觉，所以假睫毛尽量要有层次。配合渐进晕染的紫色眼影，会使眼部愈加迷人。

（9）眉的修饰。眉的修饰应注意线条清晰、流畅，不宜突出眉峰。眉形可根据自身脸型进行描画，眉色宜清淡、自然，颜色过渡要柔和、有立体感。

（10）唇的修饰。在实用新娘妆中，唇的轮廓要清晰，唇形要饱满、圆润，唇色要柔和、自然。

（11）腮红的晕染。要根据新娘的脸型进行腮红的晕染，并注意实用新娘妆的腮红应与妆色协调。

七、摄影新娘妆

1. 摄影新娘妆的特点

摄影新娘妆是指运用现代美容化妆技巧，为配合摄影师的创意拍摄，把新娘最美的形象定格在摄影画面之中而为新娘设计的妆容。

2. 摄影新娘妆的化妆步骤及方法

（1）涂粉底。摄影新娘妆应选用遮盖力强的粉底，这样可使皮肤显得细腻而有光泽，粉底的颜色应略偏粉红色，以使面色显得红润。基底可略厚，从而将面部的瑕疵和本身的肤色遮盖。此外，立体打底可强调面部的立体感和矫正脸型。

（2）定妆。摄影新娘妆定妆可选用粉色散粉，以使皮肤显得细腻红润。因粉底厚，散粉应多一些，达到使妆面持久的目的。

（3）眼影的晕染。摄影新娘妆中眼影的色彩搭配要求简洁、色调柔和，明暗对比强。眼影的用色基本与实用新娘妆相同。

（4）画眼线。摄影新娘妆中的眼线可尽量改变眼形，使其完美。眼线的线条可适当加粗，可略夸张一些，以增加眼睛的神采。

（5）睫毛的修饰。新娘可粘贴假睫毛，宜选用仿真睫毛，注意假睫毛应与自身睫毛合为一体。

（6）眉的修饰。摄影新娘妆的眉形应柔和、舒缓，线条清晰、流畅，不宜突出眉峰。眉色要自然，过渡要柔和、有立体感。

（7）唇的修饰。摄影新娘妆的唇形要轮廓清晰、饱满，唇峰不宜有棱角。唇色要柔和、有立体感。

（8）腮红的晕染。根据脸型进行腮红的晕染，颜色要柔和、自然。

八、透明妆

在化透明妆时，首先要在化妆对象皮肤状态比较好的情况下用滋润液滋润皮肤，再用修正液修正皮肤的颜色，使皮肤具有透明感，然后用液质粉底打底，仔细地遮盖每个部位。

透明妆也需要提亮，故应选一种比原粉底浅的液质粉底用以提亮，再用一种咖啡色液质粉底来修正脸部缺点。这几种粉底都要非常薄，并要合理使用，把脸上凹凸的部位修平，打完底后用一种粉红色、有透明感的胭脂膏在脸颊上薄薄地抹上，以显得红润、有血色。打完粉底后，还要扑上一层透明散粉。扑完散粉后，也可以用大刷子在脸部做局部修正。

透明妆的眼影应用一种颜色，常使用暖色调色彩，如橙红色。眼影的重点在眼睛边缘。夹翘睫毛并涂上睫毛膏，通常这个步骤是在化妆的最后做的，但为追求效果可以提前进行。

把嘴唇的唇线用粉底遮盖一下，不用画唇线，用一种粉红色的透明唇膏，直接用唇刷涂抹。

把眉毛先用影粉修出一条柔柔的形状，力求使眉毛有一丝一丝的质感。

九、戏曲舞台妆

戏曲舞台妆是一种脸谱式的妆面，要求分清生、旦、净、末、丑角的特点。由于舞台的照明较强，以及演员与观众的距离较远，因此演员的脸色较浓，色彩鲜艳，五官轮廓描画较夸张，完全改变了演员的原有形象。

传统戏曲舞台妆使用的化妆品以油彩为主，根据角色采用涂、画、勾、描等化妆技巧来塑造形象。随着戏剧事业的不断发展，化妆材料、工具、造型方法也日益丰富。伴随着戏剧观念的更新、表演风格的多样化等，化妆造型已经不再局限于美化演员或仅仅是塑造角色的外部形象。化妆造型从某种意义上参与了整个戏剧的演出活动。

化妆作为一门造型艺术，经历了漫长的历史演变，在每一个历史时期，都有明显的标志。人们在创造时尚、创造流行时不妨回过头去看看，或许在先辈留下的文化遗产中，可以找到许多现今也可以拿来一用的造型元素。

十、欧式妆

1. 欧式妆的特点

欧式妆是东方人为了使自己的脸型结构更加立体，而模仿欧洲人脸型结构特点所设计的妆面。欧式妆不是一般生活中常用的妆类，它的出现更多是在舞台、摄影等需要改变很大的地方。欧式妆主要是眼睛和嘴唇的修饰，眼睛主要是用大地色系画出神韵和深邃，嘴唇部分主要追求自然和性感。

2. 常见的欧式妆颜色搭配

欧式妆的眼影、腮红及唇膏的颜色搭配如下：

（1）深蓝 + 黑；咖啡；深蓝。

（2）咖啡 + 黑；咖啡；豆沙。

（3）灰 + 黑 + 橘黄；橘黄；肉粉。

（4）金 + 咖啡；砖红 + 咖啡；暗橘。

（5）炭灰 + 银白；深砖红；酒红。

3. 欧式妆的化妆步骤及方法

（1）修容。用修容刷沾染深棕色修容饼，在下巴两侧、颧骨或是太阳穴处做刷扫，利用深棕色在脸上创造阴影效果以形成鹅蛋脸。此方法不仅可以淡化“婴儿肥”，还能修饰高耸的颧骨与较为突出的太阳穴。

（2）眉的修饰。眉毛很短会使脸的上部分看起来很宽、额头和颧骨很高，所以现在流行画略微粗长些的自然眉形。眉形较好者只要修剪眉上的杂毛即可，因为杂毛会让眼睛无神，眼皮黯淡。在颜色选择上，注意眉色一定要比头发浅，不然会使人看起来面显凶恶。

（3）眼部的修饰。要想眼睛变大，就要让眼影范围超出眼尾 3—5 毫米。很多人为了遮盖颧骨，喜欢披发，但穿高领，戴围巾，披发就会显臃肿，运用眼影描画技巧并把睫毛画得更浓密些，就可以大胆地把头发束起来。

（4）唇的修饰。天生嘴小者可以用带珠光的唇线笔画唇形，然后竖着用唇线笔抹满嘴唇，这样唇纹就会浅，再涂上有光泽感的唇蜜，这样可以让嘴唇看起来更翘些。嘴巴太小则可选择贴近肤色的肉粉色唇彩，用深色唇彩只会使嘴和脸的范围更明显。

（5）腮红的晕染。腮红晕染得恰到好处会显得脸圆，而选择粗的圆形刷子可以让晕染范围更大更浅，从而使与皮肤的界限不明显。瘦脸彩妆的关键就是化妆范围变大，剩下部分变小，这样脸看起来就会变瘦。

第五章 人物形象设计与服饰风格

第一节 服饰设计与搭配原则

一、服饰设计的概念

（一）服饰设计的含义

设计是对事物的设想、策划和确定方案，是在一定的目的和意图指导下，进行创造性的构想，并将意图具体表示出来，包含从思维到实践、从设想到产品的完成，并证实设计的可行性、完整性和合理性。服饰的设计是以服饰为对象，通过一定的艺术语言，对服饰造型、色彩和材料进行创造，然后采用一定的表现技法与工艺手段实现服饰设计构思的过程，并完成整个着装状态的创造性行为。根据服饰的定义，服饰设计既要考虑服装的设计，同时也要恰当运用服饰配件，最终完善整体形象。

如同一般艺术设计，服饰设计先有一个设想，然后选择题材，收集资料，确定主题，进行构思。构思出服装最初的形态仅是设计的开始，还需进行初步设计到最终定稿等一系列的设计工作。一般顺序是先设计外轮廓，确定总体的形，再设计内轮廓，细化局部的构造。然后经过结构、工艺处理后才能成为具体的服装。在此过程中，通过色彩的构想（配色和图案）、材料的选用（面料和辅料）、结构规格尺寸的确定以及裁剪、缝制工艺的制定等周密严谨的步骤来完善构思。制作出来的样衣还不是终稿，需评估反馈。最终设计的效果还需看穿着后的整体形象的反映。

（二）服饰设计特点

服饰设计是一种创造性的活动，也是一种反复进行的过程，从构思、效果图表达、材料选择、样衣制作到最后修改不断更正完善。进行服饰设计时，第一，应强调设计构思是设计的生命和核心；第二，强调设计构思内容的广泛性，把服饰产品的功能、材料、生产和工艺技术条件，以及造型、色彩、款式、纹样等设计内容作统一的设想；

第三，要强调设计的整体性；第四，强调针对功能和结构，合理选择合适的材料和工艺技术；第五，强调经济性，即以最少的材料费、加工费等成本获得最好的效果；第六，强调适应时代和社会的要求，具有新鲜而有魅力的审美性；第七，强调进行具有创新性的原创。

二、服饰设计的定位和影响因素

（一）服饰设计的定位

服饰设计常针对服饰最终使用者即目标消费群体进行设计定位。一般可将目标消费群体分为两大类，第一类是根据使用者自身因素分类，包括地理环境、个体条件、阶层、生活方式及心理模式等，这些因素是使用者固有的，与服饰无关；第二类是根据使用者购买服饰的行为因素进行分类，包括服饰的使用场合、购买态度以及使用状况等因素，这些因素和服饰使用息息相关。设计师需要在服饰设计前对服饰使用者进行深入细致的分析研究，进而做出设计定位。

（1）按地理区域定位。使用者的需求特征与其所生活的地理区域有关，不同地理区域有着不同的气候和文化，影响着使用者对服饰的需求和偏好。最典型的例子就是中东地区的妇女和西方国家妇女的服饰要求是截然不同的，中东妇女的服饰只露出眼睛，西方国家的比基尼式服饰则展露了人体的自然美。简单地说是保守和开放的区别。

（2）按个体条件定位。个体的性别、年龄、受教育程度、职业、收入等条件是进行服饰设计定位最常用的分类。不同年龄层次的使用者因为不同的生命周期阶段、不同的生活阅历、经历不同的社会年代而对服饰产生不同的追求和爱好，职业差别也会形成不同的生活习惯、价值观念和个人气质。

（3）按社会阶层定位。现代社会的消费行为模式越来越成为一种身份和价值的符号，人们可以根据商品的流向表现出的行为模式和价值取向来界定社会阶层，同时又反过来强化阶层内部群体的认同及与其他阶层的区别。因此，社会阶层消费偏好的差异分析是进行设计定位的又一重要参照。比如，西部牛仔的粗犷随意服饰特点和上流社会的衣香鬓影服饰特点是根据社会阶层延伸而来的定位特点。

（4）按生活方式定位。生活中的每件事物都会从不同的角度反映出个人的生活方式和价值观念。生活水平的提高和生活方式的多元化，导致服饰消费需求的多样化，使得设计中对群体的需求划分日趋复杂起来。设计师应充分地了解这些群体的各种生活方式，作为需求分析和设计定位的参照条件，审美情趣的不同构成了不同的心理需求，年龄、职业、社会阶层、生活方式等许多因素的差异最终都会以心理需求模式差异的形式表现出来。因此服饰设计的定位最终还应归结到心理需求上。上层社会的人士也会选择运动或者休闲服饰，来满足舒适自由的心理需求。

（二）影响服饰设计的相关因素

服饰设计往往带有浓郁的时代背景，而时代的变迁通常依赖于政治、经济、文化、艺术等各方面的综合变化。透过社会风气与社会规范来达到一种服饰审美价值变迁，无论时间长短，不同程度地触动着一个时代的脉搏，而这种触动又往往最深刻地触及服饰设计师的灵感，促使他们通过作品来宣泄感受。这些与服饰设计有关的因素，对设计的影响具体体现在每件服饰作品中。

1. 政治因素

服饰受政治的影响由来已久，古今中外各个朝代几乎都有服饰的变更。每次政权的转移，都造成服饰制度的变革，在这种变革影响下，也逐渐形成全新的服饰审美价值观。历史上每当改朝换代之时都会出现衣冠制度的变革来展现新朝代的来临。中国自古以来，服饰制度就是君王施政的重要制度之一，在古代，服饰是身份地位的象征，是个人政治地位和社会地位的标志，人们如果不按照个人身份穿着，要受到严厉处罚。清初统治者把是否接受满族服饰看成是否接受其统治的标志，以暴力手段推行剃发易服，按满族习俗统一男子服饰，受此影响，在中国的主流服饰文化里，也逐渐形成一种满族女真人的服饰审美价值。20 世纪 60 年代“文革”时期，“不爱红装爱武装”，军服式风格风行整个大江南北，由此表明穿着者对当时政治的崇拜。而在法国大革命时期，法国国旗的红白蓝色成为革命者战斗的服饰符号。

2. 经济因素

经济因素对服饰设计的影响相当显著直接。经济的发展、大规模的物质生产和发达的物流，使服装流行变化的脚步不断加快，人们变换着装的频率越来越快，进一步刺激流行不断翻新，快时尚（Fast Fashion）品牌如 ZARA 能把产品周期缩短到 15 天。同时财富的积累，造就了越来越多的高消费阶层，使之对服装品质的诉求不断升级，奢侈服饰市场前所未有的快速扩张。人们也有更多的时间和能力考虑生命的意义，比如维护家园，珍惜生命与健康，环保意识增强，使绿色概念和天然纤维等绿色材料成为服饰设计的重要趋势。

3. 社会文化因素

流行来自社会和文化，是社会文化动态的晴雨表，任何社会文化思潮的出现都会在流行文化中表现出来，而服饰往往是表现流行文化的先驱，流行服饰更加凸现流行文化的特色。一种文化思潮的出现与蔓延，有时持久且范围广泛，有时为时不长但影响巨大。无论如何，一种思潮的出现总会造成流行的普及。关于文化因素影响服饰设计的情况，在服饰穿着上也自成一套审美价值，并借由服装穿着行为来作为某一团体认同的符号，成为流行服饰界所表现的主流题材。亚文化影响到亚文化团体的服饰，成为不同于主流文化的审美价值。最为突出的例子是 20 世纪六七十年代波希米亚（Bohemian）文化影响下形成的嬉皮士群体，其超长、披挂、层叠的服饰展现了该文化自由和散漫的特征，形成波希米亚风格服饰。

4. 科技因素

科学技术的发展对服装的流行也有着不可忽视的作用。网络的发展使得流行资讯非常容易进行国际性的交流，这对服饰设计的国际化发展有着决定性的影响。由于科技的参与，服装面料改变最大，新面料的问世给服装流行带来革命性变革，莱卡的发明使得紧身衣风行一时。对服饰的影响还包括服饰创造性思维开发，如王在实利用 LED 设计的一系列服饰让人耳目一新。其他领域的科技发明也影响流行的走向，将新的科学技术如电子、数字技术、光学技术、纳米技术以及媒体技术等融入设计中，不断给设计注入时代的活力，无缝黏合缝纫技术变革了竞技型运动服的设计，成型针织服装依赖电脑横机技术的发展，等等。

三、服饰搭配原则

现代社会中，个性化的表现受到广泛重视，我们都希望自己与众不同，能够在人群中脱颖而出。不同的服饰组合和搭配可以给人带来不同的视觉冲击和心理冲击，将每个人的内在心理和审美情趣与个性通过服饰的外在造型形式表现出来。

我们将服饰美感总结为四点：适体、适时、装饰、和谐。当然适体肯定是首先考虑的，能看出服饰被穿上之后的效果，这是我们所关注的重点，在进行形象设计的时候，适体即为得体，也就是说服装的各个要素——款式、色彩、面料、结构以及各部分之间都应该符合被设计者的年龄、身材、肤色、脸型和出席的场合，既要突出穿着者的优势展现其魅力，同时也要能够弥补穿着者的缺陷和不足。一身适体的服饰，能使穿着者整体协调舒服、富有神采，也能让穿着者的内在条件与服饰这一外在形象有效的结合起来，产生和谐的效果。反之，一件不得体的衣服，穿上之后就会破坏我们本身的美感，不仅不美观还会看起来很不自然。在进行服饰搭配时，首先要记住的最基本的原则：越是紧身的服饰，越能显露出身材的曲线特征。但并不是越紧身的服装就越美，要合理的运用服装与人体的空间关系，恰到好处的体现人体美。比如直线条的运用，竖直线会有拉长比例的作用，而横线条则有拉宽比例的作用。因此，合理的利用视觉上的错感，通过款式造型来改变身材甚至脸型的不足，使形象变得完美。在整体的形象设计中，服饰的合理搭配直接影响了形象设计的是否成功。

第二节 服饰风格分类

服饰所塑造出来的风格在人物的整体形象中占有非常重要的地位，根据不同人群的不同体型特征分类进行科学的分析，可以帮助每个人找到适合自身的服饰风格和服饰搭配方法，能够充分发掘出个人的形象魅力，所以服饰风格对提升个人的形象是必不可少的，是非常重要的组成部分。可以根据两种不同的方式来划分，划分角度和划分标准的不同，就会有不同种类的风格出现，主要有以下几种。

一、经典型

1. 风格阐述：经典型风格端庄大方，具有传统服装的特点，是相对比较成熟的、能被大多数人接受的、讲究穿着品质的服装风格。经典风格比较保守，不太受流行趋势左右，追求严谨而高雅、文静而含蓄，是以高度的和谐为主要特征的一种服饰风格。正统的西式套装是经典型的代表。如香奈尔套装、开襟羊毛衫、西服等服装。

经典型服装，服装轮廓多为 X 型和 Y 型，A 型也经常使用，而 O 型和 H 型则相对较少。在色彩方面，常常使用彩色，多以藏蓝、酒红、墨绿、宝石蓝、紫色等沉静高雅的古典色为主。面料大多取自具有一定质感和可塑性的斜纹软呢（tweed）及羊毛（wool），花色以彩色、单色面料和传统的条纹或格子面料为主。款式设计比较简洁，以服装阔型变化为主。

经典风格也是当今形象设计的灵感来源和主要风格之一，不论时代如何变迁，经典风格始终在服饰风格流派中占据着重要的地位。

2. 经典型特点：端庄大方和超越时代。

二、前卫型

1. 风格阐述：前卫型一般都被看成是艺术界的“另类”，前卫和经典是两个相对立的风格派别。前卫风格受波普艺术、抽象派艺术等影响，造型特征以怪异为主线，富于幻想，运用具有超前流行的设计元素，线形变化较大，强调对比因素，局部夸张，零部件形状和位置较少见，追求一种标新立异、反叛刺激的形象，是个性较强的服装风格。前卫型形象离经叛道、变化万端，而又不拘一格，它超出通常的审美标准，以荒谬怪诞的形式，产生惊世骇俗的效果。这种服装在形态、颜色、设计等方面超越常识，开始在一般商品中亮相，并越来越多地与其他服装进行混合搭配。

2. 前卫型特点：这类形象只被极少数人所接受，表现出一种对传统观念的叛逆和创新精神，是对经典美学标准做突破性探索而寻求新方向的设计，常用夸张、卡通的手法去处理阔形、色彩、材质的关系，打破原有服装款式的形象。

三、浪漫型

1. 风格阐述：高雅、华贵、潇洒、飘逸、妩媚、性感、风情万种的气质，瑰丽旖旎的姿色，彰显了浪漫型人销魂蚀骨的魅力。有着曲线形的身材、飘逸的长发、含情脉脉的眼神的浪漫型人对性感服装特别钟爱。一般浪漫型的男子，感觉为坏坏的男子；而浪漫型的女人，则显大气，女人味十足。

服装要表现出圆润的肩线、纤细的腰部、丰满的胸部等身体曲线。这类服装的花纹大部分是以花卉图案为主，材质轻柔，这类服装主要面料有柔软光滑的针织品、丝绸、纯棉、雪纺绸和天鹅绒等，并用蕾丝、缎带或刺绣装饰以及褶边、荷叶边、丝带等细部装饰来凸显女性之美，色彩上较多使用柔和色与亮暖色，在设计领域里和后现代主义相呼应，重视民族、民间传统，在其中获取灵感。

浪漫型的形象讨人喜欢，是具有少女般浪漫品位的甚至充满幻想的形象。服装中主要使用轻柔的面料搭配花形图案，用粉色、黄色、紫色等柔和色调来着重表现甜美、可爱的风格，在缤纷色彩的跃动下，在柔美轻盈的面料里，尽显浪漫主义情怀。

2. 浪漫型特点：风情性感，充满女人味。服装面料柔软，多用曲线剪裁。华丽光泽的丝绸，金银线的装饰物，波浪以及梦幻般的流线型图案，女性化的花边、花朵以及繁复的装饰物是浪漫型服装必不可少的扮靓元素，给人零距离感。

四、阳刚型

1. 风格阐述：成熟、平和、随意、洒脱、大方、自信……充满了活力、随遇而安的率真。服装直线感强，表现出女人干练的感觉，也称中性式形象。阳刚型是体现独立性强的女性所具有的感性形象，是在服装中融合男装夹克、西装、衬衫、领带、短靴等塑造的一种形象风格。阳刚型形象最盛行的年代是 20 世纪 80 年代，那时流行用厚垫肩来表现男子汉气概。

进入 90 年代之后，用小垫肩着重表现女人味的阳刚型形象开始受到欢迎，其中包括军装、西服等服装款式。

阳刚型在简洁版型的设计基础上，把夹克、裤子以及男式西装做小、做紧，做得更贴身。这类形象服装最大限度地展示面料质感，大多选择羊毛、粗花呢等结实的面料。在色彩上，以暗色调为主，灰色、绿色、深褐色、橄榄绿等浊色调成为主调。在饰品上，不宜选择装饰性较强的饰品，而应选择设计简洁、大方的饰品，如搭配围巾或帽子有助于进一步提升形象。

2. 阳刚型特点：独立性强的女性形象。

五、优雅型

1. 风格阐述：优雅风格是具有较强女性特征，时尚感较成熟，外观与品质较华丽的服装风格。优雅型是古典气质与现代风情的完美融合，这种风格很讲究细节设计，强调精致的感觉，最有女人味。外形轮廓线较多顺应女性身体的自然曲线，表现出成熟女性那种优雅稳重的气质风范，多用柔和的灰色调表现高雅形象。用料也比较高档，这种风格的服装展现女性高贵的气质，香奈尔的服装就是优雅风格的典型代表。它将原本复杂烦琐的女装推向简洁高雅的时代，塑造了女性高贵优雅的形象，简练中现华丽，朴素但却高雅。这类风格的饰品多为珍珠、珊瑚、丝巾等。

2. 优雅型特点：女性高贵、优雅、端庄的形象。

六、活跃型

1. 风格阐述：活跃型也称运动休闲型。在时尚浪潮的影响下，催生了这样的形象：有着活泼鲜亮的色彩，夸张可爱的设计，轻快活跃的感觉，再添加功能性的活跃式形象。它借鉴运动装设计元素，轮廓多为 H 型、O 型，自然宽松，便于活动。服装面料多用棉与针织等可以突出机能性的材料组合搭配。色彩比较鲜艳而明亮，白色以及各种不同明度的红色、黄色、蓝色等在服装中撞色搭配。图案多为条纹、格子等几何形花纹，抽象花纹以及活跃和华丽的花纹。此外，具有可爱的卡通图案的印花，也深受喜爱。这类形象充分地展现了当代年轻人旺盛的生命力和青春的活力。活跃型的拥护者大多是青少年，他们喜欢设计夸张的 T 恤、休闲的拉链上衣、时髦牛仔裤、哈伦裤、彩色的紧身铅笔裤、羽绒派克大衣、背襄等服饰。

2. 活跃型特点：活泼、亮丽、鲜明。

七、民族型 / 异域型

1. 风格阐述：民族型形象是带有特别宗教色彩、乡土气息和朴素感的民族服装，是从除欧洲之外的世界其他各国的民族服装和民族固有的染色、植物图案、样式、刺绣、饰品等事物中得到灵感而设计的服装款式。它是由一个民族的社会结构、经济生活、自然环境、风俗习惯、艺术传统，以及共同的审美观点等诸多因素所构成的。这个类型的形象会展现一种知性、亲切大方的感觉。

朴素大方的天然织物类服装是民族型风格的首选。各种民族图案，经典的植物图案、几何图案都可选用。面料的颜色以明亮的色泽和对比色较多，而且使用天然染料，但会带来粗糙和沉重的感觉。民族服装的面料朴素，展现各国民族性的奇异纹样和刺绣纹样较多。饰品上也广泛使用融进本民族固有文化特色的各种花纹。这类服装的裁剪工序简单，通过无任何裁剪的围裹式款式、中东的宗教服、印加的几何形花纹、印度尼西亚的发蜡染布、印度的舍利等样式得以表现。

2. 民族型 / 异域型特点：亲切、知性、朴素大方。

八、个性型

1. 风格阐述：个性型的形象产生于 20 世纪 60 年代。近几年个性化的形象又重新疯狂了起来。由于现在艺术家竭力追求表现自我，纷纷打破传统风格，从而出现了各种流派。他们以游戏的心态为原则，以非理性、非和谐、以丑为美等为流派代名词。他们以不惧强权、不媚世俗的文化立场，独立的个人经验、感受及创作，活跃于各种艺术活动中，往往惊世骇俗。这类服装面料特别，跨度较大，可以从最原始的棉麻到高科技的最新型面料。款式个性化。

2. 个性型的特点：服装追求表现自我，打破传统，搭配自由，突出个性。

服饰风格是内在气质和外在形式相结合的产物，由款式、材质、色彩相结合来表现。

服饰的发展与社会的发展有着密切的关系，会根据时代的发展和流行趋势而去变化。每个时期服装变化的特点都会与当时的社会有一定的关系，以社会背景为主导，展示服饰与人们心里的变化。随着社会生活方式的改变，当今社会又出现了一些新的现象，比如：田园风格、欧美风格、韩式风格、学院风格等这些新出现的单词。有些是经典的风格，历经时代的变迁经久不衰，有些根据时代的需要而被改变，根据当下的流行趋势改版，以适应现代的需求。但是无论怎么去改变，服饰有它自己的再现性，以前的设计风格会隔一段时间再重新流行起来，这就是我们所谓的复古，这也是服饰带给我们的魅力，虽然在不断地变化，但是从来没有停止过。

第三节 当前服装流行趋势

一、当前服装流行特点

各个时期、各个地域的服饰都具有当时社会和区域的明显特征，并通过当时流行的各种服饰风格体现出来。在现代社会生活中，物质文明和精神文明的双重发展下，我们在选择服饰时，除了要求其具有实用性功能，还同时要求服饰具有审美功能，甚至对于审美的要求要大于实用性的要求。人们越来越重视个人性格的表达，通过服饰风格的展现来表达自我的存在感，从而得到身边人群对自身形象的认同感。正是因为这种需求，促进了服饰文化的不断发展，也带动了形象设计的发展。

（一）渐变性

服装的发展经历了从个别接受，到部分最后到全部接受，一直到全部流行，但是这个过程并不是突然产生，或者消失。流行的产生是一种社会性的行为，一般来看的话，服装的出现特别是潮流服装是比较超前的，但是那只是相对来说，并且只是出现流行，之所以能够产生，在于其本质是一种社会性的行为。一般来说，潮流服装最早出现时是比较超前的，并且只出现在极少数具有潜在影响的场合，和对潮流非常敏感的人群身上。

（二）周期性

服装的发展包括流行都具有周期性，但是周期交替的频率并不是固定的。每一种服装的流行都会经过五个阶段，兴起、普及、盛行、衰退以及消亡这些阶段，呈现出螺旋式的周期性。服装的流行周期性与产品的生命周期紧密相连，一般周期可以划分四个时期，投入期、成长期、成熟期和衰退期。投入期主要是指服装最初流入市场的那个阶段，由于商品的价格高，再加上是原创，所以就确定不了服装能否被大众消费者所接受。等到了增长期的时候，服装就慢慢引起大家的关注，由于仿制品的出现，产品的价格也出现了不同的变化。最后到成熟期的时候，服装就非常受大家欢迎了，达到了巅峰的时期，从消费者的消费购买方面以及还有消费者的跟风方面都能看出达到巅峰时期。但是当人们对服装厌倦的时候，或者不再喜欢的时候，那些原有的服装就会慢慢淡出，一直到最后消失不见，但随即品牌和商家们就会开始寻找新的色彩或样式来满足大众的需求。但是如果服装的生命周期长的话一般流行的周期相对来说也会很长，反之如果服装的生命周期较短的话，流行周期相对也会比较短。

（三）关联性

服装的发展会受到各种各样因素的影响，其中包括政治、文化、经济等方面。比如新上映的某部电视剧或是电影，或者是经济的繁荣或衰退等因素，都会为新一季的服装色彩方面或是设计等方面提供一些参考。由此可以看出，更多的趋势手册不只是一部手稿的制作，而会花更多的心思与精力去收集社会上发生的新闻，或者关注更多的动态趋势，从而寻找出下一季的灵感，特别是对于那些已经被设计出来，出现在其他领域的产品。所以这种关联性不单单指服装的流行会被这些因素所影响，服装也一样可以引发相关领域的潮流革命。

二、流行趋势

（一）大胆亮色

美丽心情离不开阳光的沐浴，但是美艳的服饰更是不可或缺的，所以大胆亮色是首先应该考虑的。不仅仅魅力惠（Bensoni）有出亮色系列，还包括吴季刚（Jason Wu）和贝齐·约翰逊（Betsey Johnson）等都有出现。所以拥有一件亮色的服装不仅不会出错，也能让我们开心起来。下图是贝齐·约翰逊（Betsey Johnson）2016 春夏流行发布会中的服装，就像一幅设计师随意泼洒的热情抽象的画作，明艳的撞色无处不在，画布般的蓬蓬裙、大胆的亮色组合，充满活力，性感热烈。

图 5-1　Betsey Johnson 2016 春夏流行的亮色服饰图

（二）中国风

2017 年春夏系列中出现了很多中国元素，很多设计师都有纷纷加入进来，比如王薇薇（Vera Wang）的服装，还有路易・威登（Louis Vuitton）也都采用了中国元素，特别是路易・威登（Louis Vuitton）很多的产品加入了大量的中国元素。Vera Wang 中国风的服装，大胆地将红色运用到设计中，跳脱了婚纱常用的白色雪纺和泡泡裙摆等元素，以优雅成熟的设计理念将唯美婚纱演绎得恰到好处，颇具传统风格的中国风通过蕾丝褶皱等元素的糅合大气又时尚。

图 5-2　Vera Wang 中国风大红色蕾丝与带有褶皱的服装

（三）华丽夸张

玛切萨（Marchesa）和亚历山大・麦昆（Alexander McQueen）的秀场给大家带来了一场华丽的盛宴，造型方面华丽的同时又不失夸张，特别是马克・雅可布（Marc Jacobs）的夸张的造型，对于那些想要尝试突破的人们可以尝试一下夸张的头饰与造型。如下图 5-3 马克·雅可布(Marc Jacobs)夸张的头饰搭配做工细致的服饰，华丽而又时尚。如图 5-4 亚历山大・麦昆（Alexander McQueen）裙子的出现，让大家都为之惊艳，给大家带来了一场后现代的视觉盛宴，裙撑搭配束腰给大家呈现出芭蕾舞纱的形象，那些白纱的表面，有的是镶嵌着刺绣，或者是搭配精致的镂空雪花，还有的采用孔雀尾羽来装饰，华丽而又辉煌。

图 5-3 Marc Jacobs 夸张的头饰

图 5-4 夸张的服饰搭配亮色的头饰

（四）新现代主义

虽然复古风流行，但是现代风格依然是不可小觑的，现代风格是时代的标志。它的风格代表亚历山大·王（Alexander Wang）和卡尔文·克雷恩（Calvin Klein），甚至包括依名尚（E·MINSAN），这些风格在现代简洁的基础上，又分解和重构给人眼前一亮不一样的视觉体验。如图 5-5 亚历山大·王（Alexander Wang）白色复古造型，竖型纹路将复古风体现得淋漓尽致。如图 5-6 卡尔文·克雷恩（Calvin Klein）极简的风格，复古的面料，都带有浓重的复古简约主义的痕迹。

图 5-5 Alexander Wang 复古风格服饰

图 5-6 Calvin Klein 极简的复古风格服饰

第四节 服饰对人物形象设计的影响

在很久以前，动物出于本能的行为，会采用各种矿物颜料，把这些颜料绘画在身体上，用这种方式来吸引异性。有时他们还会利用外界的东西来装饰自己，比如采用植物装饰自己让自己变得比较突出，这些行为被我们称之为最早的形象设计了。服饰出现以后，人们就开始结合自己的知识与经验将服饰进行变化，根据人体的结构让服饰变得更适合我们，不仅仅满足于服饰最基本的功能，还慢慢地开始注重款式、风格，需求更加多样化。

一、服饰彰显人物魅力

如果我们想要体现自己的气质、不想千篇一律和别人一样的话，我们可以采取最直接的办法，那就根据我们自身的气质来选择服饰，因为服饰是最直接表达我们的外在形象和气质。通过服饰提高我们的个人魅力、展示个人气质。所以，服饰对提升形象设计是不可或缺的，有着非常重要的作用。

搭配恰当的服饰，然后在根据服饰选择合适的妆容与发型，就能起到扬长避短，把自己更好的一面展示出来。优雅得体的外在，可以让别人产生信任与依赖，由此可见，恰当的服饰，配以合适的妆容和发型，能让我们扬长避短，展现美好的姿态。一个良好的外形，总是可以使别人产生信任感和依赖感。对于平时注重外在形象的人，并且能长期坚持下去，总是能在平凡的人群当中脱颖而出，找到适合自己的位置，明确方向，抓住机会，总是可以成功的。

二、服饰增强人物自信

所谓“人靠衣装马靠鞍”，服饰可以让你拥有一个美丽的外在形象，通过服装可以了解一个人的性格、审美水准。一个完美的第一印象，不仅让我们信心倍增，还可以在社交关系中更好地加分。得体的口才和优雅的风度给人一种信赖，同时建立了活跃的社交关系，因此社交目的也就达到。服饰作为人与人之间的沟通媒介，增加人之间的信任和感情，充分很好地保持相互的印象。由此可见，服饰可以很好地建立自己的自信，对彼此起到更深入的了解，所以服饰在人际交往中有着重要的作用。

三、服饰提升人物内在美

得体的服饰可以提升个人魅力和气质，当然仅仅是外在是不够的，我们还需要提升个人的内在美，内在美感也是可以通过服饰表现出来。自古以来“美”的含义就包括内在美与外在美，其含义也是源远流长。当然内在美并不是轻而易举短时间内就能体现出来的，我们需要在合适的场合搭配适合的服饰，包括我们的言行举止，让别人觉得亲切、优雅，才能达到外在美与内在美的结合，充分展示个人的魅力。

在我们的日常生活中，待人接物的时候要做到温文尔雅，真诚与善良，礼貌待人。包括我们的言谈举止都要把握好，体现我们的内在修养，以及文化素养。当然外在的美需要服饰的搭配，外在形象通过服饰把我们优美的一面表现出来，外在服饰再加上温文尔雅的个人品德，两者融合一起给人留下深刻而美好的印象。

结 语

随着社会的发展与人类文明的进步，形象设计已经成为人们生活中不可缺少的组成部分。特别是我国经济的迅猛发展及与国际上的交往日益扩大，发展形象设计专业教育，培养高级专业人才，将会是社会各个领域的需要，并且对于提高整体社会人的素质具有重要的意义。

人存在于社会中都会或多或少地注重自身以及关注他人的形象。人们的形象效果对于择业、工作、生活、社交等活动均会产生重要的影响。人们对美好形象的追求，正是热爱生活、注重自我、尊重他人的体现。

随着社会的不断发展与进步，人们不仅仅只关注内在的修养，也慢慢开始对外在的审美要求越来越高，人物形象对于各个方面都产生非常重要的影响，人物形象设计与我们密不可分，成为我们生活中非常重要的一部分。人物形象设计不仅可以通过服饰来表达，还可以通过化妆与造型等方面的结合共同完成。

人物形象，无论是对个人，还是对集体乃至社会，都有着重要作用，对个人形象的重视，是社会文明进步的重要体现，只有当每个人都开始注重自身形象，整个社会的形象才会随之提升。对于当今社会而言，人物形象设计至关重要。

参考文献

[1] 吴曦 . 化妆技巧与形象塑造 . 北京理工大学出版社，2018.
[2] 吴培秀 . 人物形象设计 . 西南师范大学出版社，2011.
[3] 周少华 . 人物形象设计 . 武汉：湖北美术出版社，2006.
[4] 乔国华，刘宇 . 人物形象色彩设计与创意思维 . 辽宁科学技术出版社，2012.
[5] 肖宇强 . 形象色彩设计 . 合肥工业大学出版社，2017.
[6] 王涛鹏 . 形象设计表现技法 . 中国轻工业出版社，2014.
[7] 艾莉 . 个人形象设计 . 郑州大学出版社，2014.
[8] 周生力 . 形象设计概论 . 化学工业出版社，2008.
[9] 马建华 . 形象设计 . 中国纺织出版社，2002.
[10] 周硕珣 . 形象造型设计 . 北京理工大学出版社，2018.
[11] 关洁，林琳，王婷 . 个人形象设计 . 电子科技大学出版社，2015.
[12] 陈昊，安迪 . 化妆造型 . 中国铁道出版社，2017.
[13] 刘志平，熊若佚 . 化妆与造型 . 重庆大学出版社，2015.
[14] 李晓妍，刘慧，孟会芳 . 化妆技巧与形象设计 . 航空工业出版社，2017.
[15] 肖宇强 . 美容与化妆 . 合肥工业大学出版社，2014.
[16] 李采姣 . 时尚化妆设计 . 中国纺织出版社，2016.
[17] 王铮 . 人物造型化妆：2 版 . 东南大学出版社，2015.
[18] 李波 . 服饰形象设计学 . 甘肃人民出版社，2006.
[19] 要彬，于淼 . 服饰与风格 . 中国时代经济出版社，2010.
[20] 徐家华 . 风格与服饰搭配 . 上海人民美术出版社，2010.
[21] 郭丽 . 服饰形象设计 . 西南师范大学出版社，2015.
[22] 许星 . 服饰配件艺术 . 中国纺织出版社，2015.
[23] 张原 . 现代服饰形象设计 . 东华大学出版社，2014.
[24] 王效芳 . 论服饰与人物形象设计的关系 . 苏州大学，2017.
[25] 刘丽 . 服饰与形象设计关系的研究 . 大连大学，2016.

[26] 张德弘 . 职场女性衣着形象塑造与设计探究 . 青岛大学，2015.

[27] 王晓轶 . 影像艺术中的形象设计 . 大连工业大学，2015.

[28] 胡静 . 发饰设计在服装表演中的应用研究 . 湖南师范大学，2013.

[29] 肖慧 . 服装色彩在人物形象设计中的表现与应用 . 湖南师范大学，2010.

[30] 艾行爽 . 服饰风格与人物整体形象设计的研究 . 苏州大学，2007.

[31] 傅婷 . 形象设计与服饰妆扮研究 . 南京艺术学院，2001.

[32] 易慎 . 人物形象设计中的构成要素及应用策略 . 花炮科技与市场，2019(01)：145+161.

[33] 顾瑛 . 人物形象设计对人物塑造的影响 . 宿州教育学院学报，2018，21(05)：33–35.

[34] 王陈，雷一琪 . 浅谈服装设计在人物造型设计中的应用 . 西部皮革，2018，40(07)：84.

[35] 冯震飞，张原 . 人物形象设计中色彩搭配的重要性 . 大众文艺，2018(05)：102–103.

[36] 于莉，马丽群 . 浅析人物形象设计中的色彩学 . 艺术科技，2017，30(12)：296.